はじめて学ぶ物理学

下

【第2版】

Lectures on elementary physics for motivated beginners

学問としての高校物理

Hiroyuki Yoshida

吉田弘幸 [著]

日本評論社

はじめに

　この下巻は,「電磁気学」,「光波」,「原子」の 3 部構成になっています。

　電磁気学は 19 世紀に発展した分野です。19 世後半にはマクスウェルの理論が確立し,光が波であることも解明されました。当時の人々の中には物理学が完成したと思った人もいます。ところが,技術の発展に伴いミクロな現象も観測できるようになると,その物理学では説明できないっさまざまな現象が観測されるようになりました。20 世紀の初頭には,それらの現象を説明するための新しい理論の研究が盛んに行われ,革命的な理論体系である量子力学が確立することになります。量子力学以降に発展した物理学を現代物理学と呼んでいます。

　本書が扱う内容は,電磁気学の発展から量子力学が確立する直前までの物理学です。

　各部ごとで完結した内容になっていますが,それぞれ,それよりも前の部の理解を前提して記述した部分もあります。上巻をまだお読みでない方は,是非,上巻から読み始めていただきたいと思います。物理学は,ニュートンが確立した力学の理論から発展が始まりました。その後,熱学,電磁気学が発展していきました。この歴史的順序には必然性があったと考えます。したがって,物理学の学習者も,この順序に沿って学ぶことによりスムーズな理解を得ることができるでしょう。

　上巻の「はじめに」にも記した本書の読み方と注意事項を再掲しておきます。

　本書の守備範囲は高校物理の内容に限定していますが,本書は物理学の法則と理論の紹介を目的に書かれています。理論を精密に紹介するためには論理を飛ばさずに記述する必要があります。そのため,高校物理の本としては,やや日本語の説明が多いかも知れません。しかし,ある分野で用いられる言葉を使いこなすことが,その分野を理解することを意味します。注意深く読むことにより,物理学の基本的な考え方（大袈裟な言い方をすれば「思想」と表現してもよいかも知れません）を身につけることができます。したがって,最後まで読み通して戴ければ,本書がみなさんの物理学の学習の強い手助けとなると信じています。ただ

し，そのためには，自分の頭で悩みながら読み進めることが必要です。必要に応じて，計算用紙を用意して，自分の手で計算も再現し，苦しみながら読み進めることを楽しんでください。

注 本文中で〈発展〉とある部分は議論の本題に関わる内容ですが（主に数学的に）難しい記述を含む部分です。また，〈参考〉とある部分は議論の本題から離れる内容であり，発展的な記述を含む場合もあります。いずれも，物理を初学の方や大学入試を目標としている方は読み飛ばしても問題ありません。〈やや発展〉とある部分は，計算過程は読み飛ばしても構いませんが，結論は確認してください。

第2版にあたって

　本書の初版を発行してから約4年になります。多くの読者の方にご支持いただき，順調に版を重ねることができました。そして，この度，改訂版として第2版を発行できることになりました。

　今回の改訂では，次の点を重視しました。

- 2022年に実施された指導要領の改訂にあわせて用語と項目を調整しました。
- 本書だけでも受験対策として十分な学習ができるように例題を補充しました。
- 余裕のある読者にも楽しんでいただけるように発展的な項目を追加しました。

　また，受験生や大人の方だけではなく高校1年生や中学3年生くらいの方にも読みやすいように，日本語の表記と表現を少し改めました。さらに多くの読者に本書が届くことを期待しています。

　2023年5月

吉田弘幸

目次

第 V 部　光波

第 VI 部　原子

［上巻目次］

第 IV 部
電磁気学

第1章 相互作用と場

第I部「力学」において，自然界に現れる力は物体間の相互作用（作用と反作用の組として現れる）であり，基本的な形式としては万有引力（重力）とクーロン力（静電気力）の2種類があることを学んだ。しかし，現代的な力学の理論では，力の作用を空間の属性として理解する形式を採用している。その属性，あるいは，属性を代表する量を**場**と呼ぶ。

1.1 クーロン力

すでに学んだように，クーロンの法則によれば，2つの点電荷 q_1, q_2 の間には

$$f_C = k \frac{q_1 q_2}{r^2} \qquad (k はクーロンの法則の比例定数)$$

で表される相互作用が現れる。この力を，クーロン力，あるいは，静電気力と呼ぶ。なお，点電荷とは，質点と同様に大きさを無視した理想的な存在である。

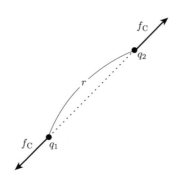

　クーロン力の関数は，電荷に符号がある以外は万有引力の関数とまったく同じ
形をしている。万有引力と同様に保存力であり，そのポテンシャルは，$r = +\infty$
の状態を基準として

$$U_{\mathrm{C}} = k\frac{q_1 q_2}{r}$$

となる。万有引力のポテンシャルとは符号が逆になるのは，万有引力が引力であ
るのに対して，クーロン力は形式的には斥力として表示していることと対応する。
符号で迷った場合は，保存力の作用する向きと，ポテンシャルの増減の傾向との
関係を考えるとよい。一般に，保存力の作用する向きは，そのポテンシャルが減
少する向きと一致した。$q_1 q_2 > 0$ であり斥力としてはたらく場合には U_{C} は r の
減少関数であり，$q_1 q_2 < 0$ であり引力としてはたらく場合は増加関数である。

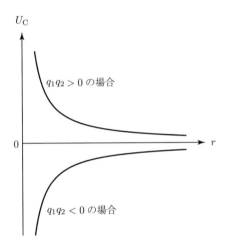

　　クーロン力のポテンシャル

$$U_{\mathrm{C}} = k\frac{q_1 q_2}{r}$$

は，一方の電荷が固定されている場合には，他方の電荷の運動についての位置エ
ネルギーと扱うことができる。両方の電荷が自由に運動できる場合は，2 つの電
荷の運動についての相互作用のポテンシャルとして扱うことになる。

【例 1–1】

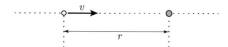

　正の点電荷 Q を空間に固定して，十分に遠くから質量 m，電気量 $q\,(>0)$ の粒子 P を点電荷 Q に向けて速さ v_0 で打ち出すとき，粒子 P の運動は力学的エネルギー保存則

$$\frac{1}{2}mv^2 + k\frac{qQ}{r} = 一定 = \frac{1}{2}mv_0{}^2$$

を満たす。ここで，r は P と点電荷 Q の距離を表す。また，初期状態では無限遠方と扱えるほどの遠くから P を打ち出したものと扱った。

P が Q に最接近したときには $v = 0$ となるので，

$$\frac{1}{2}m\cdot 0^2 + k\frac{qQ}{r} = \frac{1}{2}mv_0{}^2 \qquad \therefore \quad r = \frac{2kqQ}{mv_0{}^2}$$

となる。

　一方，点電荷 Q も自由に運動できる場合には，P と点電荷 Q の運動全体について力学的エネルギー保存則を考えることになる。P と点電荷 Q は常に同一直線上を運動し，それぞれの速度を v, V，点電荷 Q の質量を M，初速を 0 とすれば，

力学的エネルギー保存則は，

$$\frac{1}{2}mv^2 + \frac{1}{2}MV^2 + k\frac{qQ}{r} = \frac{1}{2}mv_0{}^2 \quad （一定）$$

と表すことができる。また，この場合には運動量保存則

$$mv + MV = mv_0 \quad （一定）$$

も成立する（点電荷 Q が固定されている場合は，そのための外力の作用がある）。

P が点電荷 Q に最接近したときには $v = V$ となるので，運動量保存則より，

$$v = V = \frac{m}{m + M} v_0$$

と導かれる。これを力学的エネルギー保存則の方程式に代入すれば，

$$\frac{1}{2}(m + M)\left(\frac{m}{m + M} v_0\right)^2 + k\frac{qQ}{r} = \frac{1}{2}mv_0{}^2$$

$$\therefore \quad r = \frac{2k(m + M)qQ}{mMv_0{}^2}$$

となる。

第 I 部の §9.2 で学んだように，運動量保存則の下で力学的エネルギー保存則を

$$\frac{1}{2}\frac{mM}{m + M}(v - V)^2 + k\frac{qQ}{r} = 一定 = \frac{1}{2}\frac{mM}{m + M}v_0{}^2$$

と表すことができる。これを用いれば，より簡明に最接近距離を求めることができる（最接近時は $v - V = 0$）。■

1.2 電場

点電荷 Q が固定された空間内での，別の点電荷 q_1 の運動を考える。Q を固定した点を原点とする q の位置を $\vec{r}$ とすれば，q_1 はクーロンの法則に基づいて，

$$\vec{f_1} = k\frac{q_1 Q}{r^2} \cdot \frac{\vec{r}}{r}$$

なる力を受ける。また，別の点電荷 q_2 の運動を考えると，q_2 は

$$\vec{f_2} = k\frac{q_2 Q}{r^2} \cdot \frac{\vec{r}}{r}$$

なる力を受ける。$\vec{f_1}$ と $\vec{f_2}$ では，

$$\vec{E} \equiv k\frac{Q}{r^2} \cdot \frac{\vec{r}}{r}$$

の部分は共通である。これを用いると，

$$\vec{f_1} = q_1\vec{E}, \qquad \vec{f_2} = q_2\vec{E}$$

と表すことができる。ベクトル $\vec{E}$ は，点電荷 Q を固定したことにより，この空間に定義された関数である。つまり，この空間には $\vec{E}$ により代表される属性が付

与されていることになる。そして，点電荷 q_1 や q_2 は，この属性を感じてそれぞれ $\vec{f_1} = q_1 \vec{E}$, $\vec{f_2} = q_2 \vec{E}$ なる力を受けたと解釈することができる。

このように力の作用を，空間の属性によるものと解釈する場合に，その属性を表す関数を**場**と呼ぶ。数学的には，空間の位置の関数を一般に「場」と呼ぶ。

場の概念を導入することにより力の作用を，距離を隔てた物体間の遠隔的相互作用とみる描像を棄てて，物体が占有する空間の位置からの近接的作用として理解することができる。冷静に考えてみると，距離を隔てて力の作用が及ぶというのは曖昧な理解であり，また，作用が無限の速さで伝わることになってしまう。

電荷が力を感じる場 $\vec{E}$ を，**電場（ベクトル）**と呼ぶ。もう少し，明確に定義として述べると，

「ある空間内で点電荷 q が，

$$\vec{f} = q\vec{E} \tag{1-2-1}$$

なる力 $\vec{f}$ を受けるときに，ベクトル $\vec{E}$ を，この空間の電場という。」

となる。電場 $\vec{E}$ が「一様にゼロ」ではない空間自体を電場と呼ぶこともあるが，文脈から判断すれば特に混乱はないだろう。電場 $\vec{E}$ の大きさ $|\vec{E}|$ を「電場の強さ」と呼ぶことが多いが，本書では「電場の大きさ」という表現も併用する。

クーロンの法則を，空間に固定された点電荷が空間に誘導する電場の法則として理解しなおすことができる。すなわち，空間の原点に固定された点電荷 Q が位置 $\vec{r}$ に作る電場は

$$\vec{E} = k\frac{Q}{r^2} \cdot \frac{\vec{r}}{r}$$

である。

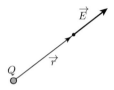

電場の原因は 2 種類ある。ここでは，電荷がつくる電場を調べている。これをクーロン電場と呼ぶことにする。もう 1 つの電場の原因については，第 8 章で学ぶ。

空間の属性による近接作用という考え方も，初めて接すると理解し難いかも知

れない。イメージとして（比喩的に）は次のように理解するとよい。点電荷 Q から水が湧き出していて，空間に Q を中心とする放射状の水の流れが現れている。この水の流れが電場である。別の点電荷がこの空間に来ると，水の流れを感じて力を受ける。次章では，このイメージを近接作用としての電場の法則として表現することになる。

　ところで，地球上における重力は，重力加速度 g を用いて

$$鉛直下向きに \quad f = mg$$

と表すことができた。これは地球上という空間の特性（場）であり，g を重力の場を表現する量として理解することができる。

1.3 電位

　空間に固定された点電荷 Q による電場

$$\vec{E} = k\frac{Q}{r^2} \cdot \frac{\vec{r}}{r}$$

により，点電荷 q が受ける静電気力

$$\vec{f} = q\vec{E} = k\frac{qQ}{r^2} \cdot \frac{\vec{r}}{r}$$

は，無限遠点を基準とすると

$$U = k\frac{qQ}{r}$$

をポテンシャルとする保存力である。無限遠点では電場の大きさもゼロになるので，ポテンシャルの基準として相応しい。

　この場合のポテンシャルも，空間の位置の関数

$$\phi \equiv k\frac{Q}{r}$$

を導入すると，

$$U = q\phi \tag{1-3-1}$$

と表すことができる。この ϕ も電場の属性を代表する場であるが，電場とは異なり値はスカラーである。電場による力が保存力である場合に，そのポテンシャルを (1-3-1) のように表示するスカラー ϕ を**電位**と呼ぶ（場の量がベクトルの場合にはベクトル場，スカラーの場合にはスカラー場と呼ぶ。電場ベクトルは電場のベクトル場，電位は電場のスカラー場である）。

　重力による位置エネルギーは高さ h を用いて $U = mgh$ と表されたが，重力加速度の大きさ g は物体によらず地球上という空間固有の定数であるから，$\phi_g \equiv gh$ を改めて "高さ" と呼んでも構わないだろう。この新しい高さ ϕ_g を用いると，重力による位置エネルギーは

$$U = m\phi_g$$

と表すことができる。電位の「位」の意味は「高さ」であり，電位は電場における "高さ" の概念である。物理学では，エネルギーの指標となる数値に「高い・低い」の概念をあてはめる（他には温度も同様）。そのとき，その数値は "高さ" を表すことになる。

　(1–2–1) 式，(1–3–1) 式において $q = 1$ の場合，

$$\vec{f} = \vec{E}, \qquad U = \phi$$

となる。つまり，電場は単位電荷が受ける静電気力，電位は単位電荷のポテンシャルである。ここから分かるように電場の強さ，電位の単位はそれぞれ N/C, J/C となるが，電位の単位には通常 V(ボルト) を用いる。したがって，電場の大きさの単位として V/m を用いることも多い。

　電場と電位の数学的な関係は，保存力とそのポテンシャルの数学的な関係と一致する。したがって，一般に電位 ϕ は，電場 $\vec{E}$ に対して，基準点を $\vec{r_0}$ として，

$$\phi(\vec{r}) = \int_{\vec{r_0}}^{\vec{r}} \left(-\vec{E} \right) \cdot d\vec{r} \tag{1–3–2}$$

により定義される。また，電場の向きは，電位が下がる向きと一致する。

　電場の向きが空間の特定の方向を向いている場合を考える。その方向に x 軸を設定すると，電場は x 成分のみをもつのでそれを $E(x)$ とすれば，電位は

$$\phi(x) = \int_{x_0}^{x} \{-E(x)\} \ dx$$

により定義される。このとき，

$$\frac{d\phi}{dx} = -E(x) \qquad \therefore \quad E(x) = -\frac{d\phi}{dx}$$

となる。電場の強さは電位の勾配を表す。x 軸上で実現する運動についてのポテンシャルと保存力の関係と同じ関係である。

【例 1–2】

　空間に一様な平行電場（大きさを E_0 とする）がある場合，この空間内で点電荷は一定のベクトルで表される力を受ける。これは重力と同様に保存力となる。したがって，電位を定義することができる。

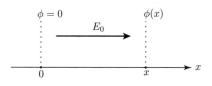

電場の向きに x 軸を設定すると，$x = 0$ を電位の基準として

$$\phi(x) = \int_0^x (-E_0)\,\mathrm{d}x = -E_0 x$$

となる。電場の向きに一定の割合 E_0 で電位が下がっていく。■

1.4　重ね合わせの原理

　電場や電位は**重ね合わせの原理**に従う。これは，力や位置エネルギーが重ね合わせの原理に従うことと整合的であるが，力の作用を場による近接作用として理解する描像を採用する立場では，電場についての重ね合わせの原理が本質的な原理と言える。

　重ね合わせの原理とは，原因ごとに独立に作用を読み取り，その和が全体としての作用を表すという法則である。足し合わせができるということよりも，むしろ，分解できるということが法則の本質である。

【例 1–3】

　空間に 2 つの点電荷 Q_1, Q_2 が固定されている場合を考える。

　それぞれの点電荷からの位置が $\vec{r_1}, \vec{r_2}$ の点における電場 $\vec{E}$ および，無限遠点を基準とする電位 ϕ は，

$$\vec{E_1} = k\frac{Q_1}{r_1{}^2} \cdot \frac{\vec{r_1}}{r_1}, \quad \vec{E_2} = k\frac{Q_2}{r_2{}^2} \cdot \frac{\vec{r_2}}{r_2}$$

$$\phi_1 = k\frac{Q_1}{r_1}, \quad \phi_2 = k\frac{Q_2}{r_2}$$

として,

$$\vec{E} = \vec{E_1} + \vec{E_2}, \quad \phi = \phi_1 + \phi_2$$

により与えられる。

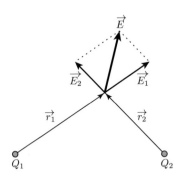

■

1.5 静電場

ここまで明確な定義を示していなかったが,電場とは一般に電荷が受ける力の場である。その源が電荷である場合をクーロン電場と呼ぶことにした。さらに,その場による力が保存力の場合を特に**静電場**と呼ぶことにする(このあたりの用語は必ずしも統一されていないが,本書ではこのように使い分けすることにする)。静電場は,現実的には静的な電荷分布(空間に固定された電荷(群))により誘導される電場である。自然界において電場は電荷により誘導される電場(本章で学んでいる電場)と,磁場の時間変化により誘導される電場(§8.4で学ぶ誘導電場)とがあり,そのうち,保存力の場になり得るのは前者のみである。そして,時間変動する電場は保存力を与えないので,静的な電荷分布のみが静電場を誘導する。また,逆に静電場は,必ずその起源を静的な電荷分布に辿ることができる。第4章までで扱う電場は,すべて静電場である。【例1–2】の電場も静電場であり,それを説明する電荷分布が存在する(【例1–5】参照)。

電位 $\phi(\vec{r})$ は静電場の積分により定義される。(1–3–2) 式の $\vec{E}$ も静電場である。2点間の電位の差

$$\Delta\phi = \phi(\vec{r_2}) - \phi(\vec{r_1}) = \int_{\vec{r_2}}^{\vec{r_1}} \vec{E} \cdot \mathrm{d}\vec{r}$$

を**電位差**，あるいは**電圧**と呼ぶ。電圧という用語は，静電場に限らず一般に（つまり，誘導電場でも），2 点間の電場の積分値を表す意味で用いる。電圧は，その 2 点間を単位電荷が通過する間に得る，または，失う（通過の向きによる）エネルギーを表す。

　静電場は，それを誘導する電荷分布を点電荷に分解して捉えることにより，クーロンの法則と重ね合わせの原理に基づいて求めることができる。

【例 1–4】

　円周に沿って一様な密度（長さあたりの密度なので**線密度**という）で電荷が分布する場合の，その円周の中心の真上の点の電場を求める。

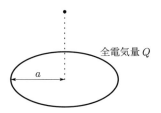

全電気量 Q

---

　xy 平面上の原点 O を中心とする半径 a の円周に沿って一様な線密度で総量 Q の電荷が分布する場合に，z 軸上の点 $\mathrm{P}(0, 0, z)$ における電場を求める。円周を小さい長さ Δl の部分に分割し，1 つの部分を

$$\Delta Q = \frac{Q}{2\pi a}\Delta l$$

の点電荷と看做すことにする。

　この点電荷による点 P の電場は右図の矢印の向きに大きさ

$$\Delta E = k\frac{\Delta Q}{a^2 + z^2}$$

となる。円周上のすべての点電荷による電場の重ね合わせの結果が z 軸上の電場

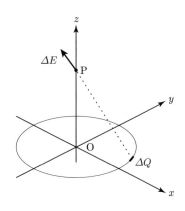

である。

　電荷分布の対称性を考慮すれば，x 成分と y 成分は相殺して z 成分が重なることが分かる（具体的には，原点に関して対称な位置の点電荷ごとの重ね合わせを考えれば明らかである）。1 つの点電荷による電場の z 成分は

$$\Delta E_z = \Delta E \times \frac{z}{\sqrt{a^2 + z^2}} = k\frac{z\Delta Q}{(a^2 + z^2)^{3/2}}$$

なので，z 軸上の電場は z 軸方向に

$$E = \sum_{全円周} \Delta E_z = k\frac{z\sum \Delta Q}{(a^2 + z^2)^{3/2}} = k\frac{Qz}{(a^2 + z^2)^{3/2}}$$

となる。

　電位も同様のアイディアにより求めることができるが，z 軸上の点であれば，すべての電荷との距離が $r = \sqrt{a^2 + z^2}$ で一様なので，分割するまでもなく，無限遠点を基準とすれば，

$$\phi = k\frac{Q}{r} = k\frac{Q}{\sqrt{a^2 + z^2}}$$

となる。そして，

$$E = -\frac{\mathrm{d}\phi}{\mathrm{d}z}$$

の関係が成り立つのは偶然ではない。■

【例 1–5】〈やや発展〉

　平面に一様な密度（面積あたりの密度なので**面密度**という）で電荷が分布する場合の，まわりの空間の電場を求める。

　電荷の分布する平面が xy 平面になるように直交座標を設定する。z 軸上の点

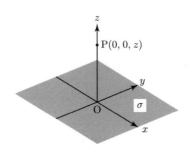

$P(0, 0, z)$ における電場を求める。電荷の面密度を σ とする。

　平面を原点 O を中心とする同心円で分解して重ね合わせを行う。半径が r と $r + \Delta r$ の円で囲まれる輪帯を半径 r の円周と看做せば【例 1–4】の結論を利用できる。

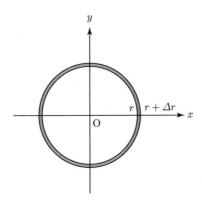

　この "円周" の面積は $(\Delta r)^2$ を無視して

$$\Delta S = \pi(r + \Delta r)^2 - \pi r^2 = 2\pi r \Delta r$$

となる。したがって，電気量は

$$\Delta Q = \sigma \Delta S = 2\pi r \sigma \Delta r$$

となる。【例 1–4】の結論式において，Q をこの ΔQ に，a を r に読み換えれば，この円周上の電荷による電場が得られる。つまり，z 軸方向に

$$\Delta E = k \frac{2\pi r \sigma z \Delta r}{(r^2 + z^2)^{3/2}} = 2\pi k \sigma z \cdot \frac{r}{(r^2 + z^2)^{3/2}} \Delta r$$

である。これを r について 0 から $+\infty$ まで和をとれば空間の電場が求められる。和をとる変数は r なので，$\dfrac{r}{(r^2 + z^2)^{3/2}} \Delta r$ の和を求めることになる。これは $\Delta r \to 0$ の極限の下で積分に読み換えて実行する必要があり，

$$E = 2\pi k \sigma z \int_0^{+\infty} \frac{r}{(r^2 + z^2)^{3/2}} \, \mathrm{d}r$$

となる。これは即座に積分が実行できて，

$$\int_0^{+\infty} \frac{r}{(r^2 + z^2)^{3/2}} \, \mathrm{d}r = \frac{1}{2} \int_0^{+\infty} \frac{(r^2 + z^2)'}{(r^2 + z^2)^{3/2}} \, \mathrm{d}r = \frac{1}{2} \left[-\frac{2}{\sqrt{r^2 + z^2}} \right]_0^\infty = \frac{1}{z}$$

となるので（本来は，いきなり $+\infty$ まで積分することはできないので，$r = R$ まで積分して，その結果において $R \to +\infty$ の極限をとるべきであるが，結論は一致する），結局，

$$E = 2\pi k\sigma$$

となる。これは z に依存しないので，電荷が分布する平面と垂直で一様な平行電場が誘導されていることが分かる。また，$z < 0$ の領域にも同様の電場が誘導される。

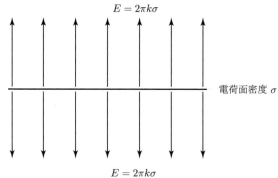

【例 1–2】の電場も，このようにして誘導された電場と考えることができる。

第2章 ガウスの法則

　前章で見たように，クーロンの法則と重ね合わせの原理に基づけば，さまざまな電荷分布に対する電場を計算することができる。しかし，電荷分布の形に応じて計算法を工夫する必要があり，また，そもそも遠隔的相互作用の法則であるクーロンの法則を用いて場を計算するのは矛盾している。

　場の法則としての静電場についての法則が**ガウスの法則**である。これは，

$$\operatorname{div}\vec{E} = \frac{\rho}{\varepsilon_0} \qquad (\text{div は divergence の省略})$$

と表記できるが，この方程式を理解するにはベクトル解析と呼ばれる大学で学ぶ数学の手法が必要である。しかし，電気力線のイメージを用いることにより，その本質を学ぶことができる。

2.1 電気力線

　前章で電場を導入した際に，イメージとして水の流れの比喩を紹介した。この流れを図式的に表現したものを**電気力線**という。

　§2.3でさらに詳細な約束を決めるが，取りあえず，電気力線を次のように定義する。すなわち，

> 空間の各点において，その点の電場の向きに沿って連続的に延長した有向（向きは電場の向き）曲線を電気力線と呼ぶ。

したがって，電気力線が描かれていれば，その向きから電場の向きを読み取ることができる。

　例として，空間に1つの正の点電荷が固定されている場合を考える。点電荷に

よる電場の向きは，空間の点と点電荷を結ぶ直線の方向で，正電荷の場合には点電荷から離れる向きとなる。したがって，点電荷による電場の電気力線を描くと，点電荷を中心に空間のあらゆる方向に無限遠方まで放射状に走る半直線（点電荷の位置が端点となる）群が得られる。

　負電荷の場合は，電場の向きが点電荷に向かう向きであるから，電気力線の向きも正電荷の場合とは逆向きになり，空間のあらゆる方向の無限遠方から点電荷に向かって電気力線が走って来ることになる。

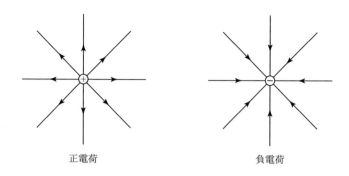

正電荷　　　　　　　　　　　負電荷

　上の例ではそれぞれ 8 本ずつ電気力線を描いたが，実際には，紙面から飛び出る方向にも電気力線は走っている。紙面内でも，電気力線を描いていない部分にも実際には走っている。すべてを描くことはできないので，代表として 8 本だけ描いた。「線」と表現しているが，連続的な流れをイメージした方が正しい。

2.2　等電位面

　静電場の様子を模式的に表示するイメージとして，電気力線の他に**等電位面**に注目することも多い。等電位面の定義は明瞭であり，文字通り，電位が等しい点が作る曲面である。つまり，空間の電位 $\phi = \phi(\vec{r})$ に対して

$$\phi = 一定$$

により定義される曲面（群）である。等電位面は，電位 ϕ の値ごとに無数に存在するが，通常は一定の電位差ごとに描く。電位は電場の「高さ」であったので，等電位面は，その等高面である。平面に図示する場合は，その平面上での電位の等

高線に該当する。

【例 2-1】

　空間に正の点電荷 Q が 1 つ固定されている場合の等電位面を求める。

　点電荷からの距離を r とすれば，無限遠点を基準とする電位は

$$\phi = k\frac{Q}{r}$$

であった。したがって，等電位面は

$$k\frac{Q}{r} = 一定 \qquad \text{i.e.} \quad r = 一定$$

で与えられる。これは，点電荷を中心とする球面となる。特定の平面上で論じる場合には，点電荷を中心とする円周となる。

　正の点電荷による電位の関数をグラフに示すと，下図のように下に凸の減少曲線になる。

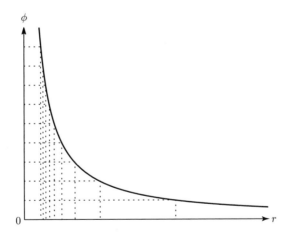

　したがって，一定の電位差ごとに等電位面を描く場合，点電荷に近づくほど間隔が狭くなり，無数の等電位面が現れる。その概略を図示すると次図のようになる。

　これは，等電位面を描いた平面内での電位の等高線である。正電荷の場合には，上の図を見て正電荷の位置に高さが無限の山がそびえ立つことをイメージするとよい。負電荷の場合は，底なしの谷となる。

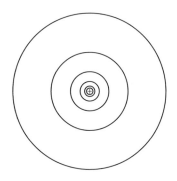

点電荷のまわりの等電位面と電気力線を重ね描きすると次のようになる。

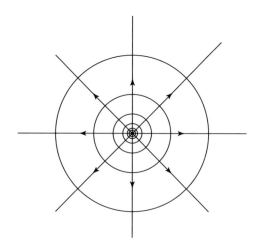

　この図は，電気力線が等電位面を垂直に切って走ることを示している。この例に限らず，一般に電気力線は等電位面と直交する。静電場 $\overrightarrow{E}$ に対して電位は，

$$\phi(\overrightarrow{r}) = \int_{基準点}^{\overrightarrow{r}} (-\overrightarrow{E}) \cdot \mathrm{d}\overrightarrow{r}$$

で与えられる。したがって，等電位面に沿った任意の変位 $\Delta\overrightarrow{r}$ に対して，

$$\overrightarrow{E} \cdot \Delta\overrightarrow{r} = 0 \quad \text{i.e.} \quad \overrightarrow{E} \perp \Delta\overrightarrow{r}$$

となる。つまり，電場は等電位面と直交する。電気力線の向きは電場の向きと一致するので，電気力線は等電位面と直交することが分かる。■

2.3　ガウスの法則

　次のように約束すると，前掲の**ガウスの法則**を電気力線のイメージにより表現することができる。

　①　電気力線は正電荷から出て負電荷に入る。
　②　電荷から出入りする電気力線の総数は電荷の大きさに比例する。
　③　電気力線は空間の途中で切れたり枝分かれしたり合流したりしない。
　④　電気力線は互いに交差しない。
　⑤　正電荷と負電荷の収支が合っていない場合の過不足分は無限遠点まで，あるいは，無限遠点から走る。

この約束に従って電気力線を描くと，その様子から次のように空間の電場を読み取ることができる。

　ⓐ　電場の向きは，その点を通る電気力線の向きである。
　ⓑ　電場の大きさは，その点の電場の向きに垂直な断面を貫く単位面積あたりの電気力線の本数と一致する。

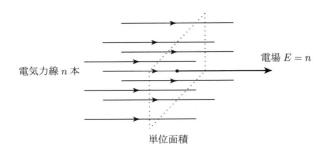

　ⓑに従って電場の大きさを求めるためには，②の比例関係を定量的に定める必要がある。前掲の方程式 $\operatorname{div}\vec{E} = \dfrac{\rho}{\varepsilon_0}$ は，電場の流れ（電気力線）が電荷からしか湧き出す（負電荷の場合は吸い込み）ことがなく，その総量が電気量に比例していることを表す。その比例定数として ε_0 が採用されている。電気力線の約束についても同じ比例定数を採用すれば，上の約束がガウスの法則を表現することになる。そこで，②を

②′　大きさ Q の電荷から出入りする電気力線の総数を $\dfrac{Q}{\varepsilon_0}$ とする。

と約束し直すことにする。そうすれば，①〜⑤および⑧，⑤がガウスの法則を表すことになる。

　点電荷のまわりの空間の電場をガウスの法則に従って求めてみる。

　実際に電気力線を描く場合には，①〜⑤の約束に加えて，電荷分布の対称性などを考慮して美しく（合理的に）描く必要がある。しかし，「対称性」や「美しさ」はクライテリアとしては曖昧なので注意が必要である。1つの点電荷は等方的に同じ強さの流れが現れる湧き出し口と考えるとよい。他にも湧き出し（正電荷）や吸い込み（負電荷）があると，その影響を受けるが，点電荷が1つだけの場合は，流れが乱れる理由がないので，等方的に均一な強さで無限遠方まで流れ続ける。

　したがって，正の点電荷 Q があると，そこから等方的に同じ密度で電気力線が走り出し，すべてが無限遠点まで直進する。その総数 N は ②′ により

$$N = \frac{Q}{\varepsilon_0}$$

である。これで，空間に電気力線が描かれた。

　ある点の電場を求めるには，まず，その点を通る電気力線に注目する。電気力線は点電荷から見て遠ざかる方向に走っているので，電場の向きもその向きとなる。

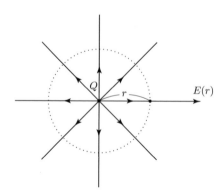

　等方性から，電場の大きさは点電荷からの距離のみに依存する。いま注目している点と点電荷の距離を r として，点電荷を中心として半径 r の球面上では電場の大きさは一様である。これを $E(r)$ とする。電気力線は，この球面を垂直に貫

いていて，その総数は点電荷から湧き出る電気力線の総数 N と等しい。半径 r の球面の表面積は $4\pi r^2$ なので，ⓑにより，

$$E(r) = \frac{N}{4\pi r^2} = \frac{1}{4\pi\varepsilon_0} \cdot \frac{Q}{r^2}$$

となる。真空中のクーロンの法則の比例定数 k_0 とガウスの法則の比例定数 ε_0 の間に，

$$k_0 = \frac{1}{4\pi\varepsilon_0}$$

の関係を要請すれば，この結果は，クーロンの法則による結論と一致する。ガウスの法則の比例定数の値は

$$\varepsilon_0 \fallingdotseq 8.85 \times 10^{-12} \ \mathrm{C}^2/(\mathrm{N\cdot m}^2)$$

である。

　電場は重ね合わせの原理に従うので，1 つの点電荷について妥当する結論は一般に妥当する。つまり，ガウスの法則に基づいて電場を求めても，その結論は，クーロンの法則に基づくこれまでの方法の結論と一致する。したがって，ガウスの法則を静電場の基本法則（電荷が誘導する電場についての原理）として採用することができる。

【例 2–2】

　平面が一様な面密度 σ で帯電している場合の電場を求める。

　この平面の単位面積の部分の電荷 σ からは，合計

$$N = \frac{\sigma}{\varepsilon_0} \ \text{本}$$

の電気力線が出る。平面の両側に区別はないので，それぞれの側から半分ずつが出ることになる。また，平面と平行な任意の方向は対等であることと，電気力線は互いに交差しないことから，電気力線は，平面と垂直に出て互いに平行に無限まで走ることになる（周辺に負電荷の存在を想定していないので）。したがって，任意の点で，電場と垂直な単位面積を $\dfrac{N}{2}$ 本の電気力線が貫く。

　つまり，一様な面密度 σ で帯電する平面の両側には，大きさが

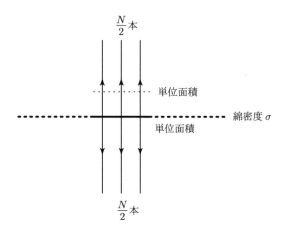

$$E = \frac{N}{2} = \frac{\sigma}{2\varepsilon_0}$$

で与えられる。平面と垂直で外向きの一様な平行電場が現れていることが分かる。■

【例 2–3】

　球面が一様な面密度で合計 Q に帯電している場合の電場を求める。

　球の内部には負電荷の存在を想定していないし，無限遠点も無い。また，電気力線は互いに交差しないので，電気力線はすべて球の外向きに走ることになる。球面に対して特定の方向に偏る理由はないので，すべて球面と垂直に出て，その

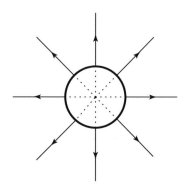

まま無限遠方まで直進する。したがって，球の外部に得られる電気力線の分布は，球の中心に点電荷 Q が存在する場合と一致する。電気力線の分布が一致すれば，電場の分布も一致する。ただし，球の内部には電気力線が走っていないので，電場は 0 である。

　つまり，電場は球の中心とその点を結ぶ方向で，中心から離れる向きに現れる。球の半径を a とすれば，その大きさ E は，球の中心からの距離 r の関数として

$$E = \begin{cases} 0 & (r < a) \\ \dfrac{1}{4\pi\varepsilon_0} \cdot \dfrac{Q}{r^2} & (r > a) \end{cases}$$

となる。無限遠点を電位の基準とすれば，球の外側では，やはり点電荷の場合の電位と一致する。内部は電場（電位の勾配）が 0 なので，電位は球の表面と等電位となる。つまり，球の中心からの距離 r の関数として

$$\phi = \begin{cases} \dfrac{1}{4\pi\varepsilon_0} \cdot \dfrac{Q}{a} & (0 \le r \le a) \\ \dfrac{1}{4\pi\varepsilon_0} \cdot \dfrac{Q}{r} & (r \ge a) \end{cases}$$

となる。それぞれをグラフで示すと以下のようになる。

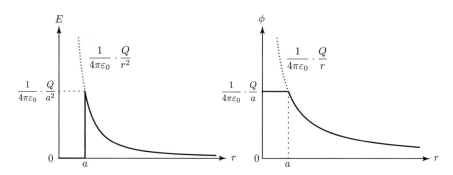

　電荷が厚さ 0 の面に分布していると扱った場合，$r = a$ における電場 E を確定できない。現実には厚みがあり，グラフは上図のようにつないで描くとよい。電位は積分により定義されるので，一般に連続関数となる。■

【例 2–4】

　球（球体）が一様な密度（体積あたりの密度，これは単に密度と言う）で

合計 Q に帯電している場合の電場を求める。

　電場は重ね合わせの原理に従うので，この球を薄い球殻に分割して考えることができる。各球殻は，その厚さが十分薄ければ【例 2–3】の球面のように扱えるので，その内部には電気力線を走らせず，外部には，球殻上の電荷がすべて球殻の中心に点電荷として存在する場合と同様の電気力線分布を作る。

　空間に走る電気力線は，それら球殻電荷による電気力線の重ね合わせである。したがって，球体の外部では，全電気量 Q が球体の中心に点電荷として存在する場合と同様の電場が誘導される。球体の内部の点では，その点を通り中心が球体の中心と一致する球を考えると，その球の内部に存在する電気量だけが球体の中心に点電荷として存在する場合と同様の電場が誘導される。球体の半径を a とすると，その電場の大きさは球体の中心からの距離 r の関数として，

$$E = \frac{1}{4\pi\varepsilon_0} \cdot \frac{Q \times \left(\frac{r}{a}\right)^3}{r^2} = \frac{1}{4\pi\varepsilon_0} \cdot \frac{Q}{a^3}r \quad (0 \leqq r \leqq a)$$

となる。電荷の密度が一様なので，球体の一部の球内部の電気量は半径の 3 乗に比例する。

　空間全体の電場の大きさを球体の中心からの距離 r の関数として図示すれば，下図左のようになる。

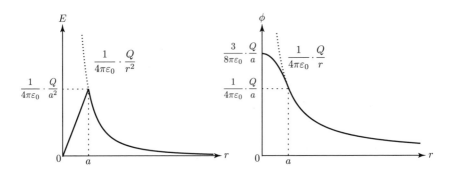

　また，無限遠点を基準とする電位は上図右のように表される。

　無限遠点からの電場の積分により電位が定義されるので，$r \geqq a$ の部分は点電荷の場合と一致する。内部（$0 \leqq r \leqq a$）については，

$$\phi(r) = \phi(a) + \int_r^a \frac{1}{4\pi\varepsilon_0} \cdot \frac{Q}{a^3} r \, dr = \frac{Q}{8\pi\varepsilon_0} \left(\frac{3}{a} - \frac{r^2}{a^3} \right)$$

として求めることができる。■

2.4　ベクトル場と力線 〈発展〉

　ベクトル場は，その力線が描かれれば決定されたことになる。力線は，空間の途中で切れたり枝分かれしたり合流したりしないので，完結の仕方には

A　湧き出し口から出て吸い込み口に入る。(あるいは，無限遠点まで，または，無限遠点から延びる。)

B　閉じたループを形成する。

の 2 通りがある。

　ところで，保存力の定義は仕事の値が途中径路に依存せず，始点と終点のみであらかじめ定まることであるが，これは，任意の閉径路に沿った仕事が 0 となることと同値である。力線が閉じたループを形成する場合は，そのループに沿った径路における仕事は 0 でない値をとる。一般に，保存力の場の力線は A の形式のみで分布する。

　静電場は，保存力の電場なので，その力線（電気力線）も A の形式で現れる。その際の湧き出し口が正電荷，吸い込み口が負電荷になっている。その様子を説明するのがガウスの法則であった。

　静電場ではない電場（非静電場）の力線は B の形式で現れる。第 8 章で学ぶ電磁誘導においては，そのような電気力線が現れる。また，第 6 章，7 章で学ぶ磁場の力線は，A の形式で現れることはなく，すべて B の形式で現れる。

第3章 コンデンサー

　点電荷による電場は電気力線が無限遠点まで走るので，完結した議論を行うには全空間を見る必要がある。理想的な状況として，大きさの等しい正電荷と負電荷が向かい合って，近似的に有限の領域内にのみ電気力線が走る系を考える（実は，このように扱うと電場は静電場ではなくなってしまうが，そこには目を瞑っておく）。このような系を**コンデンサー**という。

　コンデンサーを作るには，**導体**と**誘電体**が必要なので，まずは，それらの特性を学ぶ。

3.1 物質と電場

　大雑把に言うと，電気が通る物質を**導体**，通らない物質を不導体，絶縁体，あるいは，**誘電体**という。しかし，電気が通る通らないは，相対的で，現実には程度の問題である。物理では理想化して完全な導体と，完全な不導体としての誘電体のみを考えることが多い。現実の導体は金属であり，電気が通る（電流が流れる）ときには，電気抵抗が現れるが，本章では電気抵抗については検討しない。

　電気を運ぶ粒子を担体（キャリア）と呼ぶ。金属では自由電子が担体となる。

静電誘導

　電場中に物質を置くと，つまり，物質に帯電体を近づけると，近づけた側の面は帯電体と異符号に，反対側の面は同符号に帯電する。この現象を**静電誘導**と呼ぶ。

　静電誘導の仕組みは，導体の場合と，誘電体

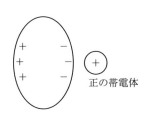

正の帯電体

の場合とで異なる。

導体の場合には、物質内部を移動できる電荷が無尽蔵に存在する（有限量であるが限界を気にする必要がない）。帯電体を近づけると、それによる電場から力を受けて導体内部を電荷が移動する。例えば、正の帯電体を近づけた場合には、その電場により、正電荷が帯電体を近づけた側から反対側に向かって押されることになる（現実には負電荷を帯びた自由電子が、反対側から帯電体を近づけた側に向かって引っ張られるが、電気量の移動のみに注目すれば、相対的に正電荷が押されたと見ることもできる）。

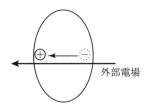

その結果、反対側の面が正に帯電し、帯電体を近づけた側は正電荷の不足の結果として負に帯電する（導体から電荷が飛び出すほどには、帯電体の電荷による電場は強くない場合を考える）。この電荷分布は導体内部に、帯電体の電荷による電場とは逆向きの電場を誘導する。導体内部の電場は、それらの合成電場になる。その合成電場がゼロにならない限り、導体内で電荷の移動が継続する。したがって、終状態では、導体内部の電場は至る所ゼロとなる。つまり、導体内部に外部電場（帯電体の電荷による電場）を打ち消すような電場を誘導するように導体の表面付近が帯電する。**静電状態**（電荷の移動が止まり、電荷分布が静的になった状態）において、導体内部における電場がゼロであることは、導体の重要な性質である。導体の定義と理解しても構わない。

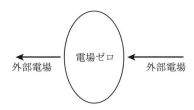

導体内部の電場がゼロであるということは、内部の電位は至る所等しい。そし

て，外部に電場がある場合には，導体から離れるにつれて電位が変化するので，導体の表面は等電位面を形成する。

　誘電体の場合には，内部を移動できる電荷は存在しない。ところで，すべての物質は分子からできている。分子の内部には正電荷と負電荷があり，分子内部では偏移が可能である（分子が分極する，あるいは，分極の向きが変化する）。外部電場があると，分子の分極の向きが揃って，物質全体としても分極が生じる。これを**誘電分極**という。誘電分極は，静電誘導の特別な場合であるが，導体に対しては静電誘導，誘電体に対しては誘電分極と使い分ける人もいる。

比誘電率

　誘電分極により，誘電体内部にも外部電場を打ち消す向きの電場を誘導するが，導体の場合とは異なり，外部電場を打ち消すまでには至らない。しかし，誘電体がない場合（真空の場合）と比べて電場の大きさが小さくなる。つまり，真空の場合の電場の大きさ E_0 に対して，誘電体内部の電場の大きさ E を

$$E = \frac{1}{\varepsilon_\mathrm{r}} E_0$$

と表す１より大きい無次元の定数 ε_r が存在する。これは，誘電体の種類により決まる定数であり，誘電体の**比誘電率**と呼ぶ。$\varepsilon_\mathrm{r} \to +\infty$ の極限において $E = 0$ となるので，導体を比誘電率が $+\infty$ の特別な誘電体とみることもできる。

　例えば，外部電場が点電荷 Q による電場で，

$$E_0 = \frac{1}{4\pi\varepsilon_0} \cdot \frac{Q}{r^2}$$

と表されるとき，

$$E = \frac{1}{\varepsilon_\mathrm{r}} E_0 = \frac{1}{4\pi\varepsilon_\mathrm{r}\varepsilon_0} \cdot \frac{Q}{r^2}$$

となる。

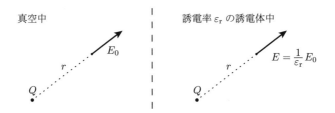

したがって,

$$\varepsilon \equiv \varepsilon_r \varepsilon_0$$

とすれば,

$$E = \frac{1}{4\pi\varepsilon} \cdot \frac{Q}{r^2}$$

である。$\varepsilon = \varepsilon_r \varepsilon_0$ を誘電体の**誘電率**と呼ぶ。このように,比例定数 ε_0 を物質の誘電率 ε に読み換えることにより,物質内部の電場も,真空中の場合と同じ形の法則により説明することができる。

なお,真空中では $\varepsilon = \varepsilon_0$ なので,ε_0 を**真空の誘電率**と呼ぶ。

3.2 導体の表面付近の電場

静電状態における,導体の表面付近の電場は容易に求めることができる。

まず,導体の内部は,その性質(定義)より電場がゼロである。換言すれば,電気力線は 1 本も走っていない。

導体の表面が面密度 σ に帯電しているとしよう。この電荷から出る電気力線はすべて外向きに走ることになる。導体の単位表面積から出る電気力線の本数は,ガウスの法則より $\frac{\sigma}{\varepsilon_0}$ である。また,導体の表面は等電位面を形成するので,電気力線は導体の表面から垂直に出て行く。したがって,導体表面の十分に近くであれば,単位面積を $\frac{\sigma}{\varepsilon_0}$ 本の電気力線が貫くことになる。

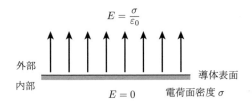

その結果,導体の表面のすぐ外側の電場は,導体の表面と垂直な向きに,大きさ

$$E = \frac{\sigma}{\varepsilon_0}$$

となる。導体の外部に誘電体がある場合は,ε_0 をその誘電体の誘電率に読み換えればよい。

3.3 電気容量

2つの導体を十分に小さい距離（他の導体からの距離を無限と扱えるほどの小さい距離）を隔てて向かい合わせる。導体の間には真空，または，誘電体が充填されていて，導体間に通電はないようにしておく。

一方の向かい合う面が $+Q$ に帯電して静電状態にあるとする。このとき，この電荷から出る電気力線は，すべて外向きに走る。2つの導体の間隔は十分に小さいので，そのすべてが反対側の導体の表面にぶつかる。静電状態において導体内部を電気力線は走らないので，その電気力線は反対側の導体の表面に帯電した電荷により吸収される。したがって，反対側の導体の表面は $-Q$ に帯電していることになる。各表面は等電位面なので，電気力線は表面と垂直に出入りする。

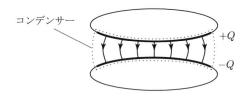

コンデンサー　　　　　　　　　　　　　$+Q$　$-Q$

このように，2つの導体の向かい合う面は，正と負で同じ大きさの電荷が帯電する。そして，その間で電気力線をやりとりする電場を閉じ込めた領域が現れる。このような系を**コンデンサー**という。帯電する面を**極板**と呼び，特に，正に帯電する面を**正極板**，負に帯電する面を**負極板**という。この極板をイメージして，コンデンサーは，次のような記号で表す。

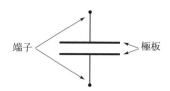

端子　　　　　　　　　　　　　　極板

極板間の電場の大きさは帯電量 Q に比例するので，極板間には Q に比例する電位差 V が現れる。つまり，系（コンデンサー）に固有な正の一定値 C を用いて，

$$Q = CV \qquad (3\text{--}3\text{--}1)$$

の関係が成り立つ。この C をコンデンサーの**電気容量**と呼ぶ。

　電気量 Q の単位は C（クーロン），電位差 V の単位は V（ボルト）なので，電気容量の単位は C/V となるが，通常は

$$\text{F（ファラド）} \equiv \text{C/V}$$

を用いる。

　電場（電気力線）の向きを考えれば分かるように，正極側が高電位となる。

平行板コンデンサー

　同じ形状・大きさの平らな薄い導体板を平行に固定して作ったコンデンサーを**平行板コンデンサー**という。コンデンサーの記号のままのコンデンサーである。極板として機能するのは，導体全体ではなく，それぞれの向かい合った面である。

面積 S

　極板の面積を S，極板間隔を d，極板間の誘電体の誘電率を ε とすれば（極板間は真空でもよく，その場合は $\varepsilon = \varepsilon_0$），平行板コンデンサーの電気容量は

$$C = \frac{\varepsilon S}{d}$$

で与えられる。

　極板の帯電量を Q とする。一様な面密度で分布するとすれば，その密度の大きさは

$$\sigma = \frac{Q}{S}$$

である。よって，極板間には，極板と垂直で大きさ

$$E = \frac{\sigma}{\varepsilon} = \frac{Q}{\varepsilon S}$$

の一様な平行電場が現れる。あるいは，極板間に走る電気力線の総数が

$$N = \frac{Q}{\varepsilon}$$

なので，

$$E = \frac{N}{S} = \frac{Q}{\varepsilon S}$$

と考えてもよい。いずれにしても，その結果，極板間
の電位差は

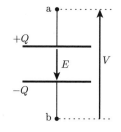

$$V = Ed = \frac{Qd}{\varepsilon S}$$

となるので，電気容量の定義 (3–3–1) より，

$$C = \frac{Q}{V} = \frac{\varepsilon S}{d}$$

である。電位差はスカラーであるが，符号を向きとして表現するために矢印で図
示した。上の図は，端子 b に対する端子 a の電位が V であることを表す。

3.4 接地の意味

コンデンサーを作るには 2 枚の導体板を用いるが，コンデンサーの極板として
機能するのは向かい合った面だけである。薄い導体板の場合には，側面への帯電
は無視できるが，外側の表面は帯電している可能性がある。コンデンサーへの影
響はないので，今までは外側の表面の帯電については論じてこなかった。コンデ
ンサーの外部にも視野を広げた場合には，外側の表面が帯電していると厄介であ
る。それを防ぐためには，コンデンサーの一方の極板を接地するとよい。

接地（アース，earth）とは，元来の意味は電気的に地球と接続することである
が，地球とは非常に大きな導体の代表である。したがって，地球
でなくても，十分に大きな導体と接続すれば，接地としての意味
をもつ。接地は，右のような記号で示す。

十分に大きな導体と接続することの効果としては，次の 2 つの
意味がある。

① 接地点を電位の基準（電位 0）とする。
② 静電状態において接地された系の全電気量は 0 となる。

ここで言う系とは，互いにコンデンサーを形成する程度に十分に距離が小さい物
体の集まりである。

十分に大きな導体であれば，有限の電気量に帯電しても表面の電荷面密度は 0
と扱える。したがって，その外部の電場はゼロに保たれる。そうすると，その大
きな導体を無限遠点と等電位と扱うことができるので，わざわざ無限遠点を電位

の基準として採用する必要はなく，接地点を電位の基準とするのが妥当である。

　接地されている系の全電気量が 0 でない場合には，電気力線が系の内部で完結していないので，その外に向かって電気力線が走る（電場が漏れる）ことになる。しかし，それは，接地点付近の電場がゼロであることと矛盾する。したがって，静電状態では，接地された系の全電気量は 0 となる。また，その系が外部と接する表面は帯電していないことになる。

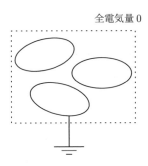

全電気量 0

【例 3–1】

　同じ形状で，同じ面積をもつ 3 枚の平らな薄い金属板 A, B, C を平行に，十分に小さな間隔を開けて真空中に固定する。

　A のみを電気量 Q に帯電させた場合に，静電状態においてどのような状態が達成されるであろうか。

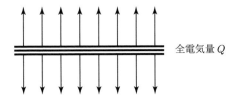

全電気量 Q

　A, B, C 全体を外部から見ると，十分に広い平板が電気量 Q に帯電しているので，その両側に $\dfrac{Q}{2\varepsilon_0}$ 本ずつの電気力線が出ることになる。

　静電状態では，電気力線は導体内部を走れないので，外向きに走る電気力線は，A と C の外部と接する面から出ることになる。したがって，A の上側の面と C の下側の面がそれぞれ $\dfrac{Q}{2}$ に帯電する。

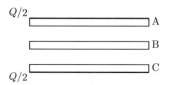

　A は全体として Q に帯電してるので，残りの $\dfrac{Q}{2}$ の電気量は A の下側の面に帯電する。一方，C は全体として帯電していなかったので，C の上側の面は $-\dfrac{Q}{2}$ に帯電する。ところで，A と B，B と C の向かい合う面はそれぞれコンデンサーを形成するので，B の上側の面が $-\dfrac{Q}{2}$ に，下側の面が $\dfrac{Q}{2}$ に帯電することになる。これは，B の全電気量が 0 であることとも整合的である。

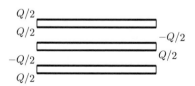

　次に，C を接地すると，静電状態においてどのような状態が達成されるであろうか。

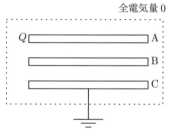

　A, B, C からなる系全体の電気量は 0 となる。しかし，A と B は外部との間で絶縁が保たれているので，それぞれの帯電量は Q と 0 に保たれる。C は接地することにより外部と電気的に接続されているので電気量の変化が可能である。したがって，C が電気量 $-Q$ に帯電することになる。A と C の外側の表面は帯電しないので，それぞれ内側の表面が Q と $-Q$ に帯電する。ところで，A と B, B と C の向かい合う面はそれぞれコンデンサーを形成するので，B の上側の面が $-Q$ に，下側の面が Q に帯電することになる。これは，B の全電気量が 0 であることとも整合的である。

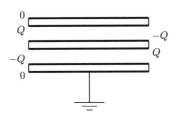

電荷保存則

　上の例において，外部と絶縁の保たれた系の全電気量は不変であることを用いた。これは，**電荷保存則**の結論である。電荷保存則とは

　　電荷は無から生成・消滅することはない。

という法則である。電荷も運動量やエネルギーと同様の，基本的な保存量である。これは，特定の系の電気量が変化することは禁止しない。しかし，電気量の変化は外部からの電荷の出入とバランスをとる必要がある。つまり，

$$\varDelta(\text{系の総電気量}) = (\text{外部から流入した電気量})$$

の関係が成立する。特に，外部との電荷の移動を遮断された系については，系内部での電荷の移動は可能であるが，系の全電気量は不変に保たれる。

第4章 静電エネルギー

充電された（極板が帯電した状態の）コンデンサーはエネルギーをもつ。ある系がエネルギー E をもつとは，その系から最大で E だけの仕事を取り出せるということを意味する。

実際には，コンデンサーは電気回路の中で利用するが，本章では力学的な考察からコンデンサーが蓄えるエネルギーについて調べる。回路素子としての考察は次章で行う。

4.1 コンデンサーの極板間引力

コンデンサーでは，正電荷と負電荷が向き合っているので，その間に引力が作用する。その引力により電荷が極板から飛び出すような極端な場合を除けば，その引力は極板間の引力として現れる。

極板間が真空である平行板コンデンサーの場合，極板間の電場の大きさは，帯電量 Q を用いて

$$E = \frac{Q}{\varepsilon_0 S}$$

と与えられる。これは，正極板上の正電荷と，負極板上の負電荷による電場の重ね合わせの結果である。例えば，負電荷が正電荷の位置に誘導する電場は，半分の

$$\frac{E}{2} = \frac{Q}{2\varepsilon_0 S}$$

となる。

正電荷は，この負電荷による電場のみを感じて（自分が誘導する電場は感じない），大きさ

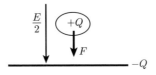

$$F = Q \cdot \frac{E}{2} = \frac{Q^2}{2\varepsilon_0 S}$$

の引力を受ける。同様の考察から分かるように，負電荷も同じ大きさの引力を受けることになる。これが平行板コンデンサーの極板間引力である。

$$F = \frac{1}{2}QE \tag{4-1-1}$$

の表式は知っておく価値があるが，上のように考えれば当然の表式であり，暗記する必要はないだろう。なお，(4-1-1) は，極板間全体の電場の一様性が保たれていれば，誘電体が充填されている場合にも，極板が受ける力の表式として有効である。

4.2　コンデンサーの静電エネルギー

　前節で導いた平行板コンデンサーの極板間引力の表式に基づいて，平行板コンデンサーが蓄える（平行板コンデンサーから取り出しうる）エネルギーを求める。入試などでは，ここで求めるコンデンサーの静電エネルギーの表式に基づいて，エネルギー保存則から極板間引力の表式を導かせる問題を見かけるが，これは論理が逆である。もちろん，エネルギー保存則は物理学の第一原理であり常に有効であるが，具体的なエネルギーや仕事などの表式をアプリオリに知ることはできない。それらの表現をメカニカルに導出できるのであれば，それに基づいてエネルギー保存の形式を確認すべきである。

　さて，極板間隔 d の平行板コンデンサーの極板を A, B とする。極板間の誘電体の誘電率は ε で一様とする。極板 B は固定して，極板 A を外力で押さえながらゆっくりと極板 B へ近づける。このとき，外力は極板 A が極板 B の向きに受ける，大きさ

$$F = \frac{1}{2}QE = \frac{Q^2}{2\varepsilon S} \qquad \text{（極板間距離によらず一定）}$$

の力に対抗する力で押さえることになるので，その反作用として極板 A は，外部に対して極板 B の向きに大きさ F の力を及ぼすことになる。

そのまま最大で距離 d だけ移動できるので，もとの状態（極板間隔が d）のコンデンサーから最大で

$$F \times d = \frac{Q^2 d}{2\varepsilon S}$$

の仕事を取り出すことができる。これは，もとの状態のコンデンサーが

$$U = \frac{Q^2 d}{2\varepsilon S}$$

のエネルギーを蓄えていたことを意味する。これをコンデンサーの**静電エネルギー**と呼ぶ。コンデンサーの電気容量

$$C = \frac{\varepsilon S}{d}$$

や，極板間電圧

$$V = \frac{Q}{C}$$

を用いると，静電エネルギーは，

$$U = \frac{Q^2}{2C} = \frac{1}{2}CV^2 = \frac{1}{2}QV \tag{4–2–1}$$

と表すこともできる。これは，平行板コンデンサーに限らず，コンデンサーの静電エネルギーの一般的な表式になる。

充電されたコンデンサーが (4–2–1) 式で表されるエネルギーを蓄えていることは次のように確認することもできる。

コンデンサーの極板が帯電していない状態から，少しずつ負極板から正極板に電荷を運び，最終的に帯電量 Q の状態にするのに要する外力の仕事を求める。帯電量が $q\,(0 \leqq q < Q)$ の状態において極板間の電位差は

$$v = \frac{q}{C}$$

なので，さらに dq の電荷を運ぶのに要する仕事は

$$dq \cdot v = \frac{q}{C}\, dq$$

である。

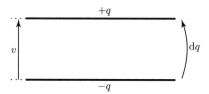

これを全過程について合計することにより，外力の仕事が

$$W = \int_{q=0}^{q=Q} \frac{q}{C}\, dq = \frac{Q^2}{2C}$$

となる。これは，平行板コンデンサーについて求めたコンデンサーの静電エネルギーの表式 (4–2–1) と一致する。つまり，コンデンサーの静電エネルギー U の変化と外力の仕事の間にエネルギー保存則

$$\Delta U = W$$

が成立していることが確認できる。また，この考え方では，コンデンサーを平行板コンデンサーに限定する必要もない。

4.3 静電気力のポテンシャル

さらに別の観点からコンデンサーの静電エネルギーの表式を導くこともできる。

真空中に距離 r だけ隔てて 2 つの点電荷 q_1, q_2 があるとき，点電荷間にはたらく静電気力のポテンシャルは $r = \infty$ の状態を基準として

$$U = k_0 \frac{q_1 q_2}{r}$$

で与えられる。N 個の点電荷 q_1, q_2, $\cdots$, q_N がある場合には，点電荷 q_i と点電荷 q_j の距離を r_{ij} と表せば，全ポテンシャルは

$$U = \sum_{i>j} k_0 \frac{q_i q_j}{r_{ij}}$$

となる。和は異なる i と j のすべての組み合わせについての和となるので, i と j に大小関係を課して和をとればよい。しかし, これでは i と j についての対称性を崩してしまうので,

$$U = \sum_{i \neq j} \frac{1}{2} k_0 \frac{q_i q_j}{r_{ij}}$$

として, i と j を対等に扱ってもよい。同じ i と j の組み合わせについて 2 回ずつ和を取ることになるので, 1 回ずつの値を半分にしている。これは,

$$U = \sum_{i=1}^{N} \Big(\sum_{j(\neq i)} \frac{1}{2} k_0 \frac{q_i q_j}{r_{ij}} \Big)$$

と表示することもできる。( ) 内の和は, i を固定して j について i 以外のすべての値について和を求める。さらに,

$$U = \sum_{i=1}^{N} \Big\{ \frac{1}{2} q_i \Big(\sum_{j(\neq i)} k_0 \frac{q_j}{r_{ij}} \Big) \Big\} = \sum_{i=1}^{N} \frac{1}{2} q_i \phi_i$$

と書き直すことができる。ここで,

$$\phi_i = \sum_{j(\neq i)} k_0 \frac{q_j}{r_{ij}}$$

は, q_i の位置の(q_i 以外の電荷による)電位を与える。

上の議論を拡張すれば, 空間に連続的な電荷分布がある場合の静電気力のポテンシャルは,

$$U = \int_{\text{全空間}} \frac{1}{2} \rho \phi \, \mathrm{d}D$$

により与えられることがわかる。ϕ は空間の各点の電位, ρ は電荷密度(単位体積あたりの電気量), $\mathrm{d}D$ は空間の微小な体積である。$\rho \, \mathrm{d}D$ が, 微小体積 $\mathrm{d}D$ 内の電気量を与える。

1つのコンデンサーの2つの極板上にのみ電荷 $+Q$, $-Q$ が分布する場合を考えると, 各極板の電位はそれぞれ一意に定まっているので, 正極の電位を ϕ_+, 負極の電位を ϕ_- とすれば, 極板上の電荷間の静電気力のポテンシャルは

$$U = \int_{\text{全空間}} \frac{1}{2} \rho \phi \, \mathrm{d}D = \frac{1}{2} Q \phi_+ + \frac{1}{2} (-Q) \phi_- = \frac{1}{2} Q (\phi_+ - \phi_-)$$

となる。極板間の電位差

$$V = \phi_+ - \phi_-$$

を用いれば,

$$U = \frac{1}{2}QV$$

となる。これはコンデンサーの静電エネルギーである。つまり,コンデンサーが蓄える静電エネルギーは,正極と負極に帯電する電荷間の静電気力のポテンシャルを意味する。極板間引力に仕事をさせることにより取り出せるエネルギーと値が一致するのは当然である。

4.4　静電場のエネルギー

　平行板コンデンサーの場合,コンデンサーの極板間にのみ

$$E = \frac{Q}{\varepsilon S} = \frac{V}{d}$$

の一様な電場が現れていると近似している。この電場 E を用いると,コンデンサーの静電エネルギーは,

$$U = \frac{1}{2}QV = \frac{1}{2}\varepsilon E^2 \times Sd$$

と表すことができる。ここで,Sd は電場が存在する領域の体積なので,

$$u = \frac{U}{Sd} = \frac{1}{2}\varepsilon E^2 \tag{4-4-1}$$

が,単位体積当たりの静電エネルギー（エネルギー密度）を表すことになる。

　これは,空間に電場が現れることにより,空間に (4-4-1) 式で与えられる密度のエネルギーが充填されることを意味するものと解釈できる。

【例 4-1】〈発展〉

　真空の空間に電気量 Q に帯電した半径 a の導体球が存在する状態を考える。

　この状態を達成するのに,帯電していない導体球に少しずつ無限遠方から電荷を運び,電気量 Q まで帯電させる過程を考える。その途中の帯電量が q の状態では,球の外部にのみ,球の中心に点電荷 q がある場合と等しい電場が現れている。

静電状態において導体は外部と面した表面のみが帯電し，また，空間の対称性より，金属球の表面が一様な面密度で帯電するためである（【例 2–3】参照）。

無限遠点を基準としたときの電位は，球の中心からの距離 r の関数として，

$$\phi = \begin{cases} \dfrac{1}{4\pi\varepsilon_0} \cdot \dfrac{q}{r} & (r \geqq a) \\[2mm] \dfrac{1}{4\pi\varepsilon_0} \cdot \dfrac{q}{a} & (r \leqq a) \end{cases}$$

となる。したがって，上の議論と同様に考えて，この状態からさらに dq だけ帯電させるのに要する外力の仕事は

$$dq \cdot \phi = \frac{1}{4\pi\varepsilon_0} \cdot \frac{q}{a}\, dq$$

であり，電気量 0 の状態から Q の状態に変化させる間の外力の仕事の総和は

$$W = \int_{q=0}^{q=Q} \frac{1}{4\pi\varepsilon_0} \cdot \frac{q}{a}\, dq = \frac{1}{8\pi\varepsilon_0} \cdot \frac{Q^2}{a}$$

となる。エネルギー保存則より，この系には

$$U = W = \frac{1}{8\pi\varepsilon_0} \cdot \frac{Q^2}{a}$$

の静電エネルギーが蓄えられていると考えられる。

電気力線は，すべて導体球の表面から無限遠点まで走っているので，導体球の表面と無限遠点を極板とするコンデンサーと見ることもできるかも知れない。実際，導体球と無限遠点の電位差は

$$V = \phi(a) - 0 = \frac{1}{4\pi\varepsilon_0} \cdot \frac{Q}{a}$$

であり，これを用いて

$$U = \frac{1}{2} QV$$

となっている。

ところで，空間の電場は

$$E = \begin{cases} \dfrac{1}{4\pi\varepsilon_0} \cdot \dfrac{Q}{r^2} & (r > a) \\[2mm] 0 & (r < a) \end{cases}$$

となっているので，静電場のエネルギー密度は

$$u = \frac{1}{2}\varepsilon_0 E^2 = \begin{cases} \dfrac{1}{32\pi^2\varepsilon_0} \cdot \dfrac{Q^2}{r^4} & (r > a) \\[2mm] 0 & (r < a) \end{cases}$$

である。これに基づいて，全空間の静電場のエネルギーを計算すると，

$$\int_a^\infty \frac{1}{32\pi^2\varepsilon_0} \cdot \frac{Q^2}{r^4} \cdot 4\pi r^2 \, \mathrm{d}r = \frac{Q^2}{8\pi\varepsilon_0} \int_a^\infty r^{-2} \, \mathrm{d}r = \frac{1}{8\pi\varepsilon_0} \cdot \frac{Q^2}{a}$$

となり，上で求めた静電エネルギーと一致する。■

第5章　直流回路

本章では主に直流電源（電池）により運転される電気回路を扱うが，学ぶ理論は電気回路一般に通用する。交流電源により運転される回路では，その場で方程式を解くのが難しいので，ある程度，知識で補う必要がある。その内容については第 11 章で学ぶ。

5.1　電流と電気抵抗

導線（細い金属棒）に電荷の流れが生じているとき，ひとつの断面を通過する単位時間あたりの電気量を**電流**という。金属の場合，移動する電荷の正体は負電荷をもつ自由電子であるが，相対的に電子の移動の向きと逆向きに正電荷が移動したと看做すことができる。電流の大きさの単位は

$$\mathrm{A}\ （アンペア）\equiv \mathrm{C/s}$$

である。

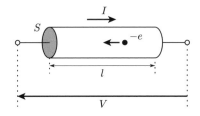

断面積 S，長さ l の金属棒に大きさ I の電流が流れるとき，その両端には，電流 I に比例する電位差 V が現れる。つまり，正の一定値 R が存在して

$$V = RI \tag{5-1-1}$$

の関係が成立する。電流の下流側に対して上流側が高電位となっている。電流を，電位の高低差によって生じる川の流れに喩えて理解することもできる。電流の向きの電位の下がり（値）を**電圧降下**という。

(5-1-1) 式の比例定数 R は，さらに正の一定値 ρ を用いて

$$R = \rho \frac{l}{S} \tag{5-1-2}$$

と表すことができる。ρ は金属の種類で決まる一定値で，**比抵抗または抵抗率**と呼ぶ。また，R は金属棒に固有の一定値であり，**電気抵抗**と呼ぶ。

(5-1-1) 式の表す関係（$V \propto I$）を**オームの法則**という。オームの法則は，近似的に成り立つ経験則であり，(5-1-1) 式は電気抵抗 R の定義と理解するとよい（ばねに対するフックの法則と同様である）。つまり，電気抵抗 R が与えられれば，(5-1-1) 式の関係を無批判に用いることができる。また，オームの法則に従う装置を**抵抗（器）**（あるいは，特に，**オーム抵抗，直線抵抗**）と呼ぶ。特に，断りがない限り，抵抗はオーム抵抗と扱って構わない。抵抗は，次のような記号で表す。

電気抵抗 R の一定性は，比抵抗 ρ の一定性に基因する。しかし，現実には，比抵抗の値は温度依存性をもち，高温になるほど値が大きくなる。導体に電流が流れると発熱し（【例 5-1】参照），温度が上昇する。したがって，比抵抗が大きくなり，電気抵抗も大きくなる。しかし，発熱量の小さい金属の場合は温度変化が小さいので，近似的に電気抵抗を一定値と扱うことができる。

別の見地からオームの法則の意味を検討してみる。

金属棒の両端に電位差があるとき，金属内には電位が下がる向きの電場（静電場）が現れている。金属（導体）中に電場があると，電場の向きに電荷の移動が生じている。マクロには，これが電流として現れる。このとき，金属の単位断面積を通過する単位時間あたりの電気量（単位面積あたりの電流）を電流密度という。電流や電流密度は，電荷の移動の向きの情報をもつので，その向きと大きさを併せてベクトル量として表すことがある（それぞれ，電流ベクトル，電流密度ベクトルと呼ぶが，「ベクトル」を省略することも多い）。

電流密度 $\vec{i}$ は，金属内の電場 $\vec{E}$ により誘導される。電場の大きさが極端に大

きくなければ，正の一定値 σ を用いて，

$$\vec{i} = \sigma \vec{E} \tag{5-1-3}$$

と表すことができる。実は，σ が一定値と扱えるという仮定の下での，この関係式がオームの法則の本質である。σ は電気伝導率（度）と呼ばれる。

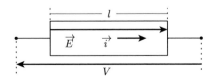

金属棒が十分に細ければ，電場の向きは金属棒に沿っている。そして，電場の大きさが一様であるとすれば，

$$E = \frac{V}{l}$$

である。また，このとき，電流密度の大きさも一様となるので，

$$i = \frac{I}{S}$$

である。したがって，(5-1-3) 式は

$$\frac{I}{S} = \sigma \frac{V}{l} \qquad \therefore \quad V = \frac{l}{\sigma S} I$$

となり，

$$\rho \equiv \frac{1}{\sigma}$$

とすれば，(5-1-1) 式，(5-1-2) 式が得られる。

オームの法則を自由電子の運動に遡って解釈する理論もある（【例5-1】参照）。ここでは，電流と自由電子の運動との関係は確認しておこう。

簡単のため，自由電子の速さは一様に v とする（現実には，電場がなく電流がない状態でも自由電子は運動していて，ただし，平均速度が 0 である。ここでも速さは，電場がある状態での平均速度の大きさに対応する）。金属の自由電子数密度（単位体積あたりの自由電子数）を n とすると，単位時間にひとつの断面を通過する自由電子数は

$$\nu = nSv$$

となる（注目する断面から距離 v 以内の位置にいる自由電子が単位時間の間に, その断面を通過できる）。

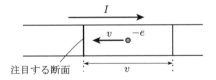

注目する断面

電気素量を e とすれば, 電子の電荷は $-e$ なので,

$$I = e\nu = enSv$$

ベクトルとしては,

$$\overrightarrow{I} = (-e)nS\overrightarrow{v}$$

である。

【例 5–1】

自由電子は金属結晶中で陽イオンと衝突を繰り返しながら電導運動をする。その効果を速度 v に比例する抵抗力 kv（k は金属の種類で決まる正の一定値と扱える）として扱えるものと仮定する。

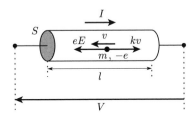

このとき, 自由電子 m の運動方程式は

$$m\frac{\mathrm{d}v}{\mathrm{d}t} = e \cdot \frac{V}{l} + (-kv)$$

となる。この形の方程式は第 I 部の【例 3–3】で扱った。速度 v は急速に一定に近づき, 定常状態では

$$0 = \frac{eV}{l} - kv \qquad \therefore \quad v = \frac{eV}{kl}$$

となる。このとき電流は

$$I = enSv = \frac{e^2 nSV}{kl}$$

で与えられるので，電気抵抗の定義より

$$R = \frac{V}{I} = \frac{k}{e^2 n} \cdot \frac{l}{S}$$

となる。このモデルでは

$$\rho = \frac{k}{e^2 n}$$

であり，オームの法則が再現された。

　この終状態において，抵抗力による自由電子への仕事率は

$$(-kv) \cdot v = -\frac{e^2 V^2}{kl^2}$$

である。金属棒内の自由電子全体（個数 $N = nSl$）では

$$-\frac{e^2 V^2}{kl^2} \times N = -\frac{e^2 nS}{kl} \cdot V^2 = -\frac{V^2}{R}$$

となる。電子の速さは一定なので，この自由電子群が失うエネルギーは電場から供給される。これは，陽イオンの熱運動のエネルギーとして吸収され，最終的には外部へ熱として放出される。この熱を**ジュール熱**と呼ぶ。

　単位時間あたりのジュール熱（抵抗における**消費電力**とも呼ぶ，単位は仕事率と共通で W（ワット）である）は，

$$P = \frac{V^2}{R} = IV = RI^2 \qquad (\because \ V = RI)$$

で与えられる。■

5.2 キルヒホッフの法則

　抵抗と電池のみを組み合わせた回路を考える。

　回路とは，電流（自由電子）が周回できる径路（サーキット）の組み合わせである。電池は，一方の端子（負極）に対して他方の端子（正極）を強制的にある一定の値だけ高電位に保つ装置である。そのときの電位差を電池の**起電力**という。電池の中身についてはブラックボックスとしておく（化学で勉強してください）。

　まず，単純な例として1つの抵抗（電気抵抗 R）と1つの電池（起電力 V_0）だ

けを接続した次図のような回路を調べる。現実の電池では，電池にも電気抵抗（電池の**内部抵抗**という）があるが，ここでは無視する。

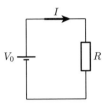

電池の機能により抵抗の端子間電圧が V_0 に保たれるので，抵抗にはオームの法則より電位の下がる向きに

$$RI = V_0 \qquad \therefore \quad I = \frac{V_0}{R}$$

の電流が流れる。この関係式は，オームの法則そのものではなく，オームの法則から読み取った抵抗の端子間電圧と，電池により約束された電位差を比較する関係式である。つまり，回路の両側での電位差のバランスの要請である。言い換えると，回路を 1 周して戻ったときに電位がもとの値に戻っている，電位分布の連続性（電位の一意性）の要請である。

この要請は次のように一般化できる。すなわち，ひとつのループ（回路内の具体的な周回路をループと呼ぶことにする）に沿って

$$\sum_{一周} (電圧降下) = \sum_{一周} (起電力)$$

が成り立つ。これを**キルヒホッフの第 2 法則**という。

今度はもう少し複雑な次のような回路を考えてみる。

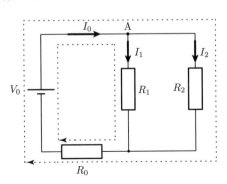

電流は枝（回路の交差点から交差点まで）ごとに一様な向きに一様な大きさで流れる。そこで，前図のように枝ごとに電流を設定する。電流分布が電気回路の状態量であり，方程式の解として求める対象となるが，大きさだけではなく向きを必ず指定する。この場合の電流はベクトルではないが，向きを矢印で表示する。向きが即座に判断できない場合は，仮に設定して計算結果の符号から現実の向きを読み取る。

電流分布については，各交差点ごとに

$$\sum (\text{流入する電流}) = \sum (\text{流出する電流})$$

が成り立つ。これを**キルヒホッフの第1法則**という。この法則が，枝ごとの電流の一様性も保証する。

前図の回路の交差点 A に注目すると，キルヒホッフの第1法則より

$$I_0 = I_1 + I_2$$

が成り立つ。また，点線の矢印で示した2つのループについて，それぞれキルヒホッフの第2法則より，

$$R_0 I_0 + R_1 I_1 = V_0$$
$$R_0 I_0 + R_2 I_2 = V_0$$

が成り立つ。3式を連立して解けば，回路の電流分布 $\{I_0, I_1, I_2\}$ を求めることができる（計算は省略する）。

抵抗と電池を組み合わせた回路については，キルヒホッフの第1法則と第2法則を連立することにより解決できる。

キルヒホッフの第2法則の意味について，もう少し詳しく検討する。

回路中の電場を $\vec{E}$ とすれば，オームの法則より

$$\rho \vec{i} = \vec{E}$$

である。1つのループ C に沿って線積分（仕事を求める積分）する。

ループ C にはあらかじめ C に沿って周回する向きを決めておく。これが，回路としての C の正の向き（電流の正の向きや起電力の正の向き）になる。線積分も，その向きに周回しながら行っていく。

$$\int_C \rho \, \overrightarrow{i} \cdot \mathrm{d}\overrightarrow{r} = \int_C \overrightarrow{E} \cdot \mathrm{d}\overrightarrow{r} \tag{5-2-1}$$

ここで，$\mathrm{d}\overrightarrow{r}$ は前もって決めた向きの C に沿った微小変位ベクトル（C の線素ベクトルという）である。

回路の断面積を S とすれば，

$$(5\text{-}2\text{-}1) \text{ の左辺} = \int_C \rho \, \overrightarrow{i} \cdot \mathrm{d}\overrightarrow{r} = \int_C \frac{\rho}{S} \overrightarrow{I} \cdot \mathrm{d}\overrightarrow{r} = \sum_C RI$$

となる。I は，C に沿って周回する向きを正の向きとする電流である。一方，電場が静電場だけならば，静電場の定義より

$$(5\text{-}2\text{-}1) \text{ の右辺} = \int_C \overrightarrow{E} \cdot \mathrm{d}\overrightarrow{r} = 0$$

となる。ゆえに，任意のループ C について

$$\sum_C RI = 0$$

となり，定常解としては $I \equiv 0$（至る所電流が 0）が得られる。したがって，定常的に回路に電流が流れるためには，回路の一部に静電場ではない電場（非静電場）が必要である。そこで，電場 $\overrightarrow{E}$ を静電場 $\overrightarrow{E_\mathrm{S}}$ と非静電場 $\overrightarrow{E_\mathrm{N}}$ に分けて考える。

$$\overrightarrow{E} = \overrightarrow{E_\mathrm{S}} + \overrightarrow{E_\mathrm{N}}$$

この場合，

$$(5\text{-}2\text{-}1) \text{ の右辺} = \int_C \overrightarrow{E} \cdot \mathrm{d}\overrightarrow{r} = \int_C \overrightarrow{E_\mathrm{N}} \cdot \mathrm{d}\overrightarrow{r}$$

となる。非静電場の積分値が起電力 V_e を表す。静電場が電位の下がる向きを向くのに対して，起電力を説明する非静電場は電位の上がる向きを向く。ただし，具体的な V_e の符号は C に沿って積分する向きに依存し，その向きを正の向きとして符号付きで V_e が読み取られていくことになる。

以上の考察より，任意のループ C について，約束した正の向きに対して符号付きで電流 I と起電力 V_e を読み取れば，(5-2-1) 式は

$$\sum_C RI = \sum_C V_\mathrm{e}$$

の成立を意味する。これがキルヒホッフの第 2 法則である。

電池の場合に，如何にして非静電場が導入されるのかはブラックボックスのま

まにしておくが，起電力の意味（機能）について確認しておく。上の計算からわかるように，あるループ C 全体での起電力 V_0 は，そのループに沿った電場の一周積分である。

$$V_0 = \int_C \overrightarrow{E} \cdot \mathrm{d}\overrightarrow{r} = \int_C \overrightarrow{E_\mathrm{N}} \cdot \mathrm{d}\overrightarrow{r}$$

電場は単位電荷が受ける電気力なので，起電力 V_0 は，単位電荷がそのループに沿って一周する間（仮想的に，瞬時に一周することを想定する）にされる仕事を意味する。

5.3 回路方程式

キルヒホッフの第 2 法則の考え方は，抵抗と電池以外の回路素子（今のところコンデンサーのみである）を含む回路にも通用する。つまり，任意のループに沿って

$$\sum_{\text{一周}} (\text{電圧降下}) = \sum_{\text{一周}} (\text{起電力})$$

が成り立つ。この方程式はループに沿って電位が連続的に分布すること，つまり，ループが回路として繋がっていることを表す（スイッチが開いている場合も電位分布の連続性は成り立つが，その部分の電位差を直接に評価できない）。この方程式を**回路方程式**と呼ぶことにする。

起電力と抵抗の電圧降下の読み取り方は前節で詳しく検討した。コンデンサーの電圧降下の読み取り方を確認しておく。

コンデンサーの極板間には正極板から負極板の向きに静電場が現れているので，正極板から負極板の向きに電圧降下がある。

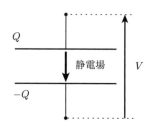

正極板の帯電量を Q とすれば，電圧降下の値は，電気容量 C の定義より，

$$V = \frac{Q}{C}$$

である。コンデンサーの電圧降下も，ループに沿って周回する向きに対して符号付きで読み取る必要がある。ループに沿って見渡すときに，初めに出会った極板を形式的に正極板と扱う。

5.4　電荷保存則

　電気回路に生じる現象の主役は回路に沿って移動する電荷である。問題を解決するには，回路方程式の他に電荷保存則にも注目する必要がある。

　電気回路に対する電荷保存則の適用の仕方には 3 つのパターンがある。まず，1 つ目が**キルヒホッフの第 1 法則**である。回路の交差点を含む領域に注目したとき，その内部の電気量は不変なので，

$$\sum (\text{流入する電流}) = \sum (\text{流出する電流})$$

が成り立つ。

　例）

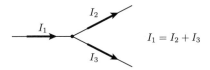

残りの 2 つのパターンは，コンデンサーの極板に注目した電荷保存則である。1 つの極板に注目した場合と，複数の極板が接続された系に注目した場合とで表現が異なる。

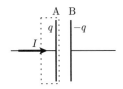

　上図の極板 A に注目すると，極板には導線（電荷が移動する経路）が接続されているので，極板上の電荷が一定である必要はないが，導線から流れ込んだ電気

量 $I\mathrm{d}t$ と極板の電荷 q の変化 $\mathrm{d}q$ の間のバランス

$$\mathrm{d}q = I\mathrm{d}t \quad \text{i.e.} \quad \frac{\mathrm{d}q}{\mathrm{d}t} = I$$

が要求される。この形の電荷保存則を**連続方程式**と呼ぶ。結論の方程式を普遍的な公式として覚えてはいけない。電流の設定の向きに応じて符号が異なる。次図の場合は，流れ出た電気量の分だけ極板の電荷が減少するので，

$$\mathrm{d}q = -I\mathrm{d}t \quad \text{i.e.} \quad \frac{\mathrm{d}q}{\mathrm{d}t} = -I$$

となる。

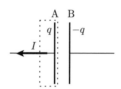

連続方程式の形式の電荷保存則は，コンデンサーを含む回路の過渡現象の解析に必要であるが，入試では明示的に使うことは少ない。

複数のコンデンサーが接続されている場合には，電気的に孤立した（外部と導線の接続がない）導体から成る系が構成される。電気的に孤立した系については総電気量が一定に保たれる。

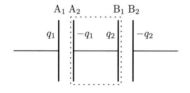

例えば，上図では，2 つのコンデンサーの極板 A_2 と B_1 により孤立系が構成されているので，

$$(-q_1) + q_2 = \text{一定}$$

となる。これは，素朴な形式の電荷保存則であるが，コンデンサーを含む回路の静電状態の分析には必須である。

以上を纏めると，電気回路に適用する電荷保存則は

①　電流の分岐・合流について，キルヒホッフの第 1 法則

②　コンデンサーを含む回路の過渡現象について，連続方程式

③　複数のコンデンサーを含む回路について，孤立部分に注目した電荷保存

の 3 パターンがある。

5.5　電気回路の問題の解き方

電気回路の問題は，次のような手順で調べれば解決できる。

①　回路の電流・電荷の分布を設定する。

②　独立な個数分のループについて回路方程式を書く。

③　未知数の個数と比べて方程式の不足を電荷保存則で補う。

④　方程式を連立して解き，設定した電流，電荷を求める。

⑤　④の計算結果に基づき，設問に答える。

電流と電荷の分布が回路の状態量なので，何を問われているかに拘わらず，まずは電流と電荷を求める。これらが求められれば，あとは基本的に計算問題に過ぎない。問われている対象に応じてアドホックな議論をするのは好ましくない。

ところで，ループの「独立な個数」とはどのように判断すればよいのか。例えば，下図の回路ではループの取り方は，7 通りあるが，そのうち独立な個数は 3 である。

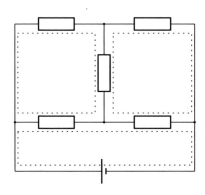

一般に，回路の細胞（それ以上分割する枝のないブロック，図の点線の四角を付けた部分）の個数が独立なループの個数と一致する。その個数分の方程式を書

けば，ループの選び方は任意であるが，細胞ごとに回路方程式を書くのもひとつの方法である。

【例 5-2】

上の回路についての方程式を書いてみる。

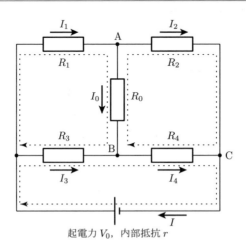

起電力 V_0，内部抵抗 r

図のように，各枝の電流を設定する。細胞ごと（矢印の向きを正の向きとする）の回路方程式は，

$$R_1 I_1 + R_0 I_0 + R_3 \cdot (-I_3) = 0$$
$$R_0 \cdot (-I_0) + R_2 I_2 + R_4 \cdot (-I_4) = 0$$
$$R_3 I_3 + R_4 I_4 + rI = V_0$$

となる。ループに沿って周回する向きと逆向きに設定されている電流には負号を付けて読み取る。

未知数は $I_0 \sim I_4$ と I の 6 個に対して，回路方程式は 3 本しか書けないので，電荷保存則の方程式を 3 本書く必要がある。交差点 A, B, C に注目すれば，

$$I_1 = I_0 + I_2$$
$$I_0 + I_3 = I_4$$
$$I_2 + I_4 = I$$

である。

　以上，6 つの方程式を連立して解けば，未知数 $I_0 \sim I_4$ と I をすべて求めることができる。計算は省略する（難しくはないが手間はかかる）。■

【例 5–3】〈やや発展〉

　次に，コンデンサーを含む下図のような回路を考える。

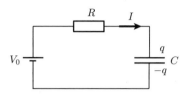

　電池の内部抵抗は無視でき，コンデンサーの初期電荷が 0 の状態から時刻 $t = 0$ にスイッチ（図では省略してある）を閉じたとする。

　コンデンサーの電荷は，極板を意識して設定する。電流の分岐や合流はないので，電流は回路全体で一様である。

　ループは 1 つしかないので，そのループについて回路方程式を書けば，

$$RI + \frac{q}{C} = V_0$$

となる。未知数（関数）は I と q の 2 つなので，これだけでは解決できない。コンデンサーの正極板における電荷保存より，

$$\frac{\mathrm{d}q}{\mathrm{d}t} = I$$

であり，これと連立することになる。ただし，これは微分方程式になる。2 式より I を消去すれば q のみの方程式

$$R\frac{\mathrm{d}q}{\mathrm{d}t} + \frac{q}{C} = V_0 \qquad \therefore \quad \frac{\mathrm{d}q}{\mathrm{d}t} = -\frac{1}{CR}(q - CV_0)$$

を得る。これも，抵抗力を受けての落下運動と同じ形の方程式であり，定性的な考察から q や I の振る舞いの概要を知ることができるが，数学的に厳密な計算をすると以下のようになる。

$$Q = q - CV_0$$

とおくと，Q は，

$$\frac{\mathrm{d}Q}{\mathrm{d}t} = -\frac{1}{CR}Q$$

に従う。両辺に $e^{t/CR}$ を掛けると，

$$e^{\frac{t}{CR}}\frac{\mathrm{d}Q}{\mathrm{d}t} + \frac{1}{CR}e^{\frac{t}{CR}}Q = 0$$

$$\therefore \quad \frac{\mathrm{d}}{\mathrm{d}t}\left(e^{\frac{t}{CR}}Q\right) = 0 \quad \text{i.e.} \quad e^{\frac{t}{CR}}Q = \text{一定}$$

初期条件は

$$q(0) = 0$$

なので（理論に q の導関数が登場するので q の不連続な変化は禁止される），$Q(0) = -CV_0$ であり，

$$e^{\frac{t}{CR}}Q = -CV_0 \quad \therefore \quad Q = -CV_0 e^{-\frac{t}{CR}}$$

よって，

$$q - CV_0 = -CV_0 e^{-\frac{t}{CR}} \quad \therefore \quad q = CV_0\left(1 - e^{-\frac{t}{CR}}\right)$$

また，

$$I = \frac{\mathrm{d}q}{\mathrm{d}t} = \frac{V_0}{R}e^{-\frac{t}{CR}}$$

それぞれ，グラフに示すと以下のようになる。

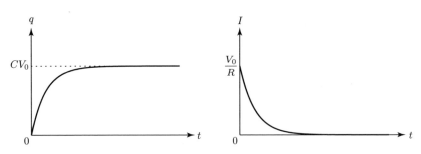

数学的には $t \to \infty$ の極限において

$$q = CV_0, \quad I = 0$$

となるが，現実には有限の時間でも $\dfrac{t}{CR}$ が十分に大きければ上の値に達しているも

のと扱って構わない。例えば，$\dfrac{t}{CR} = 100$ ならば，有効数字 10 桁でも $e^{-\frac{t}{CR}} = 0$ である。

　一般に，交流電源を含まず，電気抵抗のある回路では，コンデンサーは最終的に静電状態に達する。上の回路でも，最終的に

$$q = 一定 \qquad \therefore \quad \frac{\mathrm{d}q}{\mathrm{d}t} = 0$$

となることを既知とすれば，終状態は

$$RI + \frac{q}{C} = V_0, \qquad I = 0$$

により求めることができる。■

【例 5–4】

　次に図のような回路を考える。電池の内部抵抗は無視する。はじめすべてのコンデンサーの電気量が 0 の状態からスイッチを閉じたものとする。

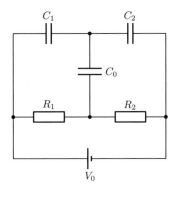

　スイッチを閉じてから十分に時間が経過した後（コンデンサーが静電状態に達したという意味）の回路の状態を次ページの図のように設定し，点線で示した 3 つのループについて回路方程式を書く。

　右上のループではコンデンサー C_0 については電荷が $-Q_0$ の極板を形式的には正極板と見ることになるので，

$$\frac{Q_1}{C_1} + \frac{Q_0}{C_0} + R_1 \cdot (-I_1) = 0$$

$$\frac{(-Q_0)}{C_0} + \frac{Q_2}{C_2} + R_2 \cdot (-I_2) = 0$$

$$R_1 I_1 + R_2 I_2 = V_0$$

となる。5個の未知数 Q_0, Q_1, Q_2, I_1, I_2 に対して回路方程式は3本しか書けない。そこで、電荷保存則から2本の方程式を補う。

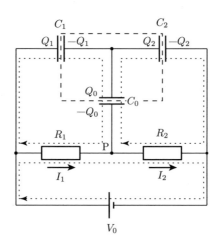

まず、静電状態ではコンデンサーの極板に繋がる導線に流れる電流は0なので、交差点Pにおける電流の分岐・合流は生じていない。よって、

$$I_1 = I_2$$

である。また、破線で囲んだ部分は電気的に孤立している（まわりが絶縁体で囲まれている）ので、総電気量は不変である。はじめ、いずれのコンデンサーも帯電していなかったので、

$$(-Q_1) + Q_2 + Q_0 = 0$$

となる。

以上、5つの方程式を連立することによりすべての未知数を求めることができる。計算は省略する。■

5.6　電気回路におけるエネルギー保存

　物理学において最も基本的な保存量はエネルギーで
ある。そこで，電気回路におけるエネルギーの保存の
調べ方を見ておこう。

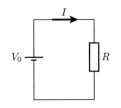

　まずは簡単な例から調べる。右図の回路を考える。

　回路には一様な電流が流れるので，それを I とす
る。電池の起電力 V_0 は単位電荷が通過することにより V_0 の仕事をする。いま，
単位時間に電池を通過する電気量が I なので，

$$P = IV_0$$

が起電力の仕事率を表す。

　一方，抵抗では電圧降下 $V = RI$ の向
きに電流 I が流れるので，この部分におい
て単位時間あたり

$$W = IV = RI^2$$

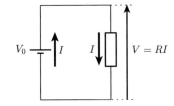

のエネルギー消費がある。【例 5–1】で調
べたように，これは電気抵抗による単位時間あたりのジュール熱を表す。

　さて，回路には電池（起電力）と抵抗（電気抵抗）しかないので，この 2 つの
間でエネルギーの保存が成立するべきであり，その方程式は

$$W = P \qquad \text{i.e.} \quad RI^2 = IV_0 \tag{5–6–1}$$

であることが合理的に判断できる。ところで，回路方程式は，

$$RI = V_0 \tag{5–6–2}$$

であるが，(5–6–1) と (5–6–2) は整合的である。エネルギーの保存 (5–6–1) は回
路方程式 (5–6–2) の両辺に電流 I を乗じることにより得られる。これは，回路方
程式をエネルギー保存の方程式に読み換える処方箋である。

【例 5–5】

　【例 5–3】で調べた回路のエネルギー保存を調べる。

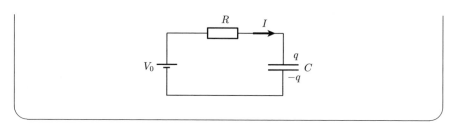

回路方程式は

$$RI + \frac{q}{C} = V_0$$

であった。電荷保存則より，

$$\frac{\mathrm{d}q}{\mathrm{d}t} = I$$

であることに注意して両辺に I を掛ければ（この操作が回路方程式をエネルギー保存の方程式に書き換える処方箋であった），

$$RI^2 + \frac{q}{C} \cdot \frac{\mathrm{d}q}{\mathrm{d}t} = IV_0$$

となる。左辺第2項は，物理の計算ではよく現れるパターンであり（運動エネルギーやばねの弾性エネルギーが現れた経緯を思いだそう），

$$\frac{q}{C} \cdot \frac{\mathrm{d}q}{\mathrm{d}t} = \frac{\mathrm{d}}{\mathrm{d}t}\left(\frac{q^2}{2C}\right)$$

である。したがって，この回路のエネルギー保存は，

$$RI^2 + \frac{\mathrm{d}}{\mathrm{d}t}\left(\frac{q^2}{2C}\right) = IV_0$$

により表される。

　右辺の IV_0 は起電力の仕事率（供給電力）なので，左辺は，それが回路においてどのように消費されているのかを示している。左辺第1項は電気抵抗におけるジュール熱としての消費電力であった。つまり，電池から供給されるエネルギーの一部は電気抵抗のジュール熱として消費され，残りは $\frac{q^2}{2C}$ なる形式で回路内に蓄えられることを示している。この計算により，回路方程式からもコンデンサーが，

$$U = \frac{q^2}{2C}$$

で表される静電エネルギーを蓄えることが確認できた。■

5.7 電気回路に纏わるあれこれ

電気回路に関する細々とした話題について紹介する。

抵抗の合成

直線抵抗を，直列，または，並列に接続すると，全体を 1 つの直線抵抗と扱うことができる。その扱い方を紹介する。

まず，その前に，直列・並列の意味を確認しておきたい。形状的に，縦に並んでいる，横に並んでいるという理解ではいけない。

直列接続とは，電流が共通で，電圧が積み重なる接続である。抵抗の場合は，下図のような状態である。

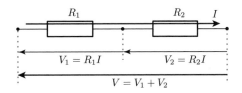

これを 1 つの直線抵抗と扱えるということは，全体の端子間の電圧 V と電流 I との間にオームの法則が成立することを意味する。実際，オームの法則より，

$$V_1 = R_1 I, \qquad V_2 = R_2 I$$

なので，

$$V = V_1 + V_2 = R_1 I + R_2 I = (R_1 + R_2)I$$

である。

$$R \equiv R_1 + R_2$$

とすれば，全体についてもオームの法則

$$V = RI$$

が成立している。つまり，電気抵抗 R_1，R_2 の 2
つの直線抵抗を直列に接続すると，電気抵抗が

$$R = R_1 + R_2$$

の 1 つの直線抵抗と扱うことができる。

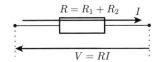

　3つ以上の抵抗を直列に接続した場合も同様である。接続したすべての電気抵抗の和が，全抵抗を表す。

　エネルギーに関しても1つの抵抗として扱うことができる。2つの抵抗の消費電力の総量は，

$$P = R_1 I^2 + R_2 I^2 = (R_1 + R_2)I^2 = RI^2$$

と纏められるので，消費電力についても，電気抵抗 $R = R_1 + R_2$ の1つの抵抗と扱うことができる。

　並列接続とは，電圧が共通で，電流が分岐・合流する接続である。

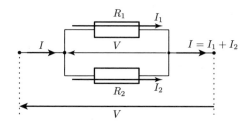

　上図において，R_1 と R_2 の電圧は共通であり，全体を1つの素子と見たときの端子間電圧でもある。全体に流れる電流 I は2つの抵抗に分流して，再び合流する。これが，R_1 と R_2 の並列接続である。

　オームの法則より，

$$I_1 = \frac{V}{R_1}, \qquad I_2 = \frac{V}{R_2}$$

なので，

$$I = I_1 + I_2 = \frac{V}{R_1} + \frac{V}{R_2}$$

である。R を

$$\frac{1}{R} = \frac{1}{R_1} + \frac{1}{R_2}$$

で定義すれば，全体についてもオームの法則

$$I = \frac{V}{R}$$

が成立している。つまり，電気抵抗 R_1，R_2 の2つの直線抵抗を並列に接続すると，電気抵抗が

$$\frac{1}{R} = \frac{1}{R_1} + \frac{1}{R_2} \qquad \text{i.e.} \quad R = \frac{R_1 R_2}{R_1 + R_2}$$

の 1 つの直線抵抗と扱うことができる。計算の結果式では，抵抗の逆数が加算されることを覚えるとよい。3 つ以上の抵抗を並列に接続した場合も同様である。

並列接続の場合も，エネルギーに関しても 1 つの抵抗として扱うことができる。実際，

$$\frac{V^2}{R} = \left(\frac{1}{R_1} + \frac{1}{R_2} \right) V^2 = \frac{V^2}{R_1} + \frac{V^2}{R_2}$$

である。

コンデンサーの合成

コンデンサーの場合も，並列接続については合成公式を作ることができる。

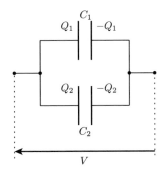

共通の電圧 V を用いて

$$Q_1 = C_1 V, \qquad Q_2 = C_2 V$$

である。それぞれの正極板どうし，負極板どうしが接続されているので，それらを 1 つの正極板，負極板と見ることができる。そのときの帯電量は

$$Q = Q_1 + Q_2 = C_1 V + C_2 V = (C_1 + C_2) V$$

なので，全体を電気容量が

$$C = C_1 + C_2$$

の 1 つのコンデンサーと扱うことができる。静電エネルギーについても，

$$\frac{1}{2} C V^2 = \frac{1}{2} (C_1 + C_2) V^2 = \frac{1}{2} C_1 V^2 + \frac{1}{2} C_2 V^2$$

と，合成容量を用いて評価しても，それぞれの静電エネルギーの和を求めても，同じ値となる。

コンデンサーの直列接続については注意を要する。

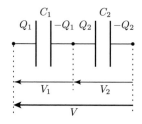

電圧は一般に積み重なっているので，全体の電圧は

$$V = V_1 + V_2 = \frac{Q_1}{C_1} + \frac{Q_2}{C_2}$$

となる。2つのコンデンサーを接続した部分（上図では C_1 の負極と C_2 の正極）の全電気量が 0 であれば，

$$(-Q_1) + Q_2 = 0 \qquad \therefore \quad Q_1 = Q_2 \ (\equiv Q)$$

なので，共通の帯電量 Q を合成コンデンサーの帯電量と扱うことができる。C_1 の正極と C_2 の負極を，それぞれ合成コンデンサーの正極板，負極板と見ることができる。また，このとき，

$$V = \frac{Q}{C_1} + \frac{Q}{C_2} = \left(\frac{1}{C_1} + \frac{1}{C_2} \right) Q$$

なので，

$$\frac{1}{C} = \frac{1}{C_1} + \frac{1}{C_2}$$

により与えられる C を合成容量と扱えばよい。さらに，

$$\frac{Q^2}{2C} = \frac{Q^2}{2} \left(\frac{1}{C_1} + \frac{1}{C_2} \right) = \frac{Q^2}{2C_1} + \frac{Q^2}{2C_2}$$

なので，静電エネルギーも合成容量を用いて評価することができる。

しかし，2つのコンデンサーを接続した部分が帯電している場合は，$Q_1 \neq Q_2$ なので，1つのコンデンサーと扱うときの帯電量が実体的な意味を失ってしまう。

このように，抵抗の合成公式とは異なり，コンデンサーの直列接続の場合の合成公式には普遍性がないので，問題が要求しない限り使うべきではない。

電流計・電圧計

回路中の素子に流れる電流や，ある素子にかかる電圧を測定するには，電流計，電圧計を用いる。ところで，電流計は自身に流れる電流を表示し，電圧計は自身の端子間電圧を表示する。そのため，電流計は被測定素子と直列に，電圧計は被測定素子と並列に接続する。

例えば，下左図の回路の抵抗に流れる電流と電圧を測定したい場合には，下右図のように電流計と電圧計を接続する。

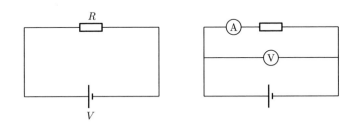

電圧計を回路中に接続すると，電圧計にも電流が流れ，その内部抵抗において電圧降下が生じ，これが電圧計の端子間電圧となる。電流計と電圧計は基本的な仕組みは同一で，電流計も電流が流れたときに内部抵抗において電圧降下が生じ，その値を電流に読み換えて表示するように目盛が刻まれている。したがって，電流計や電圧計を接続した回路では，回路の状態としては電気抵抗が追加された回路として扱うことになる。電流計の内部抵抗を r_A，電圧計の内部抵抗を r_V とすれば，上の回路は右の回路と等価である。

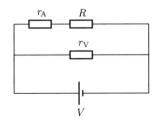

一見して分かるように，この回路はオリジナルの回路とは状態が変化していて，本来測定したかった電流や電圧は測定できない。回路の状態に乱れを生じさせないためには，電流計の内部抵抗はなるべく小さく，電圧計の内部抵抗はなるべく大きい方がよい。理想的には

$$r_A = 0, \qquad r_V = +\infty$$

である。入試問題では，このような理想的な扱いをすることも多い。

なお，電流計や電圧計の内部抵抗が有限の値をとる場合は，その接続の仕方に

より回路の乱れ方も異なる。前ページの右図では，正確には電圧計は電流計と抵抗を直列に接続した部分と並列に接続されている。下図のように接続すると，電圧計は抵抗と直接並列に接続されるが，電流計はその部分と直列に接続されることになる。

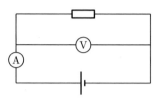

　電池にも内部抵抗がある。特に断りがなければ無視して構わないが，内部抵抗を考慮する場合は，電池を起電力と電気抵抗が直列に接続された素子と扱う。例えば，前ページの左図において電池の内部抵抗を r とすれば，下図のような回路に読み換えて考察する。

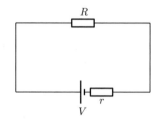

非直線抵抗

　前にも述べたように，比抵抗は，厳密には温度依存性をもつ。通常の金属線の場合は温度変化が小さく，その影響を無視できる。しかし，電球のフィラメントなど，発熱量の大きな素子の場合は温度依存性を無視できない。その場合は，電気抵抗は一定とならずオームの法則が使えない。そのような抵抗を**非直線抵抗**と呼ぶ。

　非直線抵抗の場合も，定常状態（消費電力と抵抗からの放熱量の平衡が達成し温度が安定した状態）においては電流と電圧降下の間には関数関係が成立する（つまり，抵抗値が定まる）。具体的な関数は，ケースバイケースなので，問題文に指示がある（グラフで与えられる場合が多い）。その関数関係を表す方程式（特性方程式）と回路方程式を連立すれば，通常の回路の問題と同様にして解決できる。

右図の回路の回路方程式は,

$$RI = V$$

であるが, これも本来は純粋な回路方程式

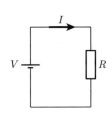

$$(抵抗の電圧降下) = V$$

と, オームの法則（オーム抵抗の特性方程式）

$$(抵抗の電圧降下) = RI$$

を連立すべきであるが, 状況が単純なので, はじめから「(抵抗の電圧降下)」を消去した方程式を書いたのである。

【例5–6】

　電球を組み込んだ下左図のような回路を考える。電球のフィラメントは発熱量が大きく温度変化も大きく, オームの法則が適用できない素子の代表例である。下図の回路の電圧 V–電流 I 特性は下右図のグラフに従うものとする。点線は, 原点付近で特性曲線に接する直線である。

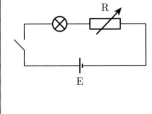

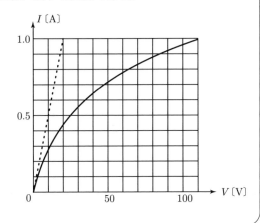

　E は内部抵抗が無視できる起電力 60 V の直流電源, R は可変抵抗であるが, はじめは電気抵抗を 40 Ω に固定しておく。

　電球が室温の状態からスイッチを閉じる。その直後には電球は上の特性曲線には従わない。曲線に示された特性はフィラメントの温度が安定した状態のもので

ある。スイッチを閉じた直後にはフィラメントの温度はまだ室温なので，電気抵抗は電圧や電流が0に近い場合と等しい。その値 r_0 は，図の点線の特性を示す抵抗と一致するので，

$$r_0 = \frac{10}{0.5} = 20 \ \Omega$$

である。したがって，回路に流れる電流は

$$20I + 40I = 60 \qquad \therefore \quad I = \frac{60}{60} = 1.0 \ \text{A}$$

となる。

十分に時間が経過してフィラメントの温度が安定すると，上のグラフの実線の特性に従うことになる。このときに回路を流れる電流を I，電球の電圧降下を V とすれば回路方程式は，

$$V + 40I = 60 \quad \cdots\cdots \ \text{(a)}$$

となる。曲線の方程式 $V = V(I)$ を読み取ることができれば，それと回路方程式を連立することにより電流や電圧を求めることができるが，関数 $V(I)$ を読み取ることは難しい。そこで，(a) 式を図示して特性曲線との交点を求める。

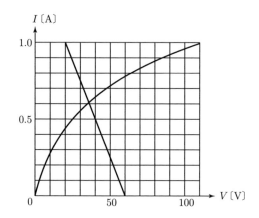

図からの交点の読み取りにはある程度の読み取り誤差が許されるので，方程式 (a) を厳密に満たす値を読み取るとよい。例えば，上の図からは

$$V = 36 \ \text{V}, \qquad I = 0.60 \ \text{A}$$

と読み取ってもよいだろう。なお，グラフは最小目盛の 10 分の 1 の精度で読み

取る。

このときの電球の電気抵抗 r は

$$r = \frac{V}{I} = \frac{36}{0.60} = 60\,\Omega$$

である。§5.1 でも述べたように，$V = RI$ は電気抵抗 R の定義であり，オームの法則に従わない場合にも有効である。オームの法則は「R が一定」と扱えることである。

可変抵抗を調節して，電球と R の消費電力が等しくなる条件を求めてみよう。その条件は

$$IV = RI^2 \qquad \therefore \quad V = RI$$

なので，電球と R の電圧降下が等しくなる。したがって，回路方程式より

$$V + V = 60 \qquad \therefore \quad V = 30\,\mathrm{V}$$

と決定できる。与えられた特性曲線より電流 I を読み取れば，

$$I = 0.57\,\mathrm{A}$$

と読み取れるだろうか。したがって，このときの R の電気抵抗は

$$R = \frac{V}{I} = \frac{30}{0.57} \fallingdotseq 53\,\Omega$$

である。■

半導体素子

現実の物質は，厳格に導体と不導体（誘電体）に二分することはできない。抵抗率の値が通常は導体として扱う物質と，不導体として扱う物質の中間の値となる半導体と呼ばれる物質がある。代表的な半導体はケイ素（Si）やゲルマニウム（Ge）である。

ケイ素やゲルマニウムは 4 価の元素であるが，回路素子の素材としては，これらにヒ素などの 5 価の元素をドープ（微量だけ混ぜる）した n 型半導体や，ホウ素など 3 価の元素をドープした p 型半導体を用いる。高校物理の範囲で，これらの原理を明確に説明することは不可能である。n 型半導体に電流が流れるときには電子（自由電子ではない）がキャリアになり，p 型半導体では正孔（ホール）と呼ばれる正電荷をもつ粒子がキャリアになることを確認しておけば十分である。n

型の n は negative の n, p 型の p は positive の p である。

n 型半導体と p 型半導体を接合して作った素子を**ダイオード**と呼ぶ。ダイオードは指向性のある素子であり，順方向には電流を流しやすいが，逆方向に流しにくい性質をもつ。この作用を**整流作用**と呼ぶ。n 型半導体内の電子と p 型半導体内の正孔がそれぞれ接合面に向かって移動するように電流が流れる向きが順方向となる。ダイオードの回路図は，下図のように順方向を表現した記号になっている。

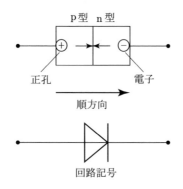

ダイオードを含む回路では，ダイオードを一種の非直線抵抗として扱うことにより解決できる場合が多い。ただし，ダイオードの整流作用を理想化して自律的なスイッチのように扱う場合もある。この場合には，やや面倒な議論が必要になる。

【例 5–7】

次ページの図のような回路を考える。D は理想的なダイオードであり，順方向には抵抗 0 で電流が流れるが，逆方向にはまったく電流が流れない。はじめ，スイッチ S_1 と S_2 は開いていて，コンデンサーはいずれも帯電していない。

まず，S_1 のみを閉じ，十分に時間が経過した後に S_2 も閉じる。さらに十分に時間が経過した後に S_1 を開く。

S_1 のみを閉じている間に D を通る電荷の移動がないとすれば，C_1 と C_2 の帯電量は等しくなる。静電状態における帯電量を Q とすれば，

$$\frac{Q}{C} + \frac{Q}{2C} = \frac{2}{3}E \qquad \therefore \quad Q = \frac{4}{9}CE$$

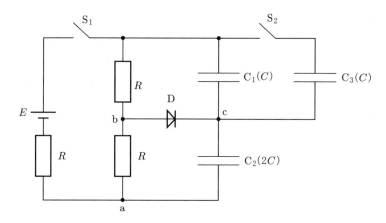

となる。このとき, a を基準として

$$c \text{ の電位} = \frac{Q}{2C} = \frac{2}{9}E$$

である。一方,

$$b \text{ の電位} = \frac{1}{3}E$$

であるから,

$$b \text{ の電位} > c \text{ の電位}$$

となり, 矛盾を生じる（D を通る電荷の移動がなければ (b の電位) < (c の電位) であることが必要である）。

　D を通る電荷の移動がある場合は, b の電位と c の電位が等しく保たれる。静電状態における C_1 の帯電量 Q_1, および, C_2 の帯電量は Q_2 は,

$$Q_1 = C \cdot \frac{1}{3}E = \frac{1}{3}CE, \quad Q_2 = 2C \cdot \frac{1}{3}E = \frac{2}{3}CE$$

となる。このとき, 当然

$$c \text{ の電位} = \frac{Q_2}{2C} = \frac{1}{3}E = b \text{ の電位}$$

であり, 矛盾は生じない。したがって, この状態が S_1 のみを閉じたときの静電状態である。

　本問のようにダイオードがスイッチの役割を果たす場合は, 電荷の移動の有無に応じて仮定的な議論を行い, 矛盾のない結論を得る方が現実の結論となる。しかし, 物理の結論は一意的に定まるので, はじめに検討した結果に矛盾がなけれ

ば，他方の検討は不要である。

S₂ を閉じた後に，D を通る電荷の移動がなく静電状態に達したとする。C₁ と C₃ は並列に接続されているので，電気容量が $C + C = 2C$ の 1 つのコンデンサーとして扱うことができる。その帯電量を $Q_1{}'$，C₂ の帯電量を $Q_2{}'$ とすれば，回路方程式より

$$\frac{Q_1{}'}{2C} + \frac{Q_2{}'}{2C} = \frac{2}{3}E$$

が成り立ち，点 c を含む領域についての電荷保存則より

$$(-Q_1{}') + Q_2{}' = (-Q_1) + Q_2 = \frac{1}{3}CE$$

である。よって，

$$Q_1{}' = \frac{1}{2}CE, \quad Q_2{}' = \frac{5}{6}CE$$

となる。このとき，

$$\text{c の電位} = \frac{Q_2{}'}{2C} = \frac{5}{12}E > \frac{1}{3}E = \text{b の電位}$$

なので，矛盾を生じない。よって，これが実現する状態である。

念のため（前述の通り必要はないが），D を通る電荷の移動がある場合を検討すると，

$$Q_1{}' = Q_2{}' = \frac{2}{3}CE$$

となる。この場合，

$$(-Q_1{}') + Q_2{}' = 0 < Q_1 + Q_2$$

となり，c から b の向きに電荷の移動が生じたことになる。これは矛盾である。

引き続き S₁ を開いた後にも D を通っての電荷の移動がないとすれば，静電状態に達したときに C₂ の帯電量は $Q_2{}'' = \frac{1}{6}CE$ となり，a を基準として

$$\text{c の電位} = \frac{Q_2{}''}{2C} = \frac{1}{12}E$$

である。一方，b の電位 $= 0$ であるから，

$$\text{b の電位} < \text{c の電位}$$

となり矛盾を生じていない。これが実現する状態である。■

【例 5–8】

　下図のような回路を考える。

　ダイオードの端子間電圧 V〔V〕と電流 I〔A〕は

$$I = \begin{cases} 0 & (V \leqq 2.0) \\ 0.40(V - 2.0)^2 & (V \geqq 2.0) \end{cases}$$

なる特性を満たす。可変抵抗ははじめ $40\,\Omega$ に設定されているが，その後，$10\,\Omega$ に変更した。

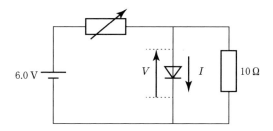

　可変抵抗の抵抗値が $x\,\Omega$ のときにダイオードに電流が流れない（$I = 0$）とすれば，他の部分には一様な電流が流れる。その大きさを i〔A〕とすれば（計算式では有効数字を考慮しない），

$$xi + 10i = 6 \qquad \therefore \quad i = \frac{6}{x + 10}$$

となる。このとき，

$$V = 10i = \frac{60}{x + 10}$$

である。この状態が実現する条件は $V \leqq 2$，すなわち，

$$\frac{60}{x + 10} \leqq 2 \qquad \therefore \quad x \geqq 20$$

である。よって，$x = 40\,(> 20)$ のとき $I = 0$ の仮定と矛盾を生じることなく，

$$i = 0.12\,\text{A}, \quad V = 1.2\,\text{V}$$

となる。

　$x = 10$ に変更すればダイオードにも電流が流れる。固定抵抗に流れる電流は V を用いて $\dfrac{V}{10}$ となるので，電荷保存則より可変抵抗に流れる電流は $I + \dfrac{V}{10}$ であ

76

る。よって，回路方程式より，

$$10\left(I+\frac{V}{10}\right)+V=6 \quad \cdots\cdots ①$$

が成り立つ。これを

$$I=0.4(V-2)^2$$

と連立すれば，V の方程式

$$4(V-2)^2+2V=6$$

$$\therefore \quad (2V-5)(V-1)=0$$

を得る。$V>2$ なので，

$$V=2.5\,\mathrm{V}, \quad I=0.10\,\mathrm{A}$$

である。

　ダイオードの特性を図に表すと右図のようになる。

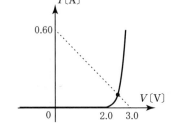

　上で導いた結論は，① 式の表す直線（図の点線）と特性曲線の交点の値である。特性が関数式ではなく，グラフで与えられていれば，そのようにして求めることになる。■

5.8 物質が受ける静電気力

　すべての物質は分子からできていて，その内部には電荷がある。そのため，帯電してない物体も静電気力を受ける。静電誘導や誘電分極の結果から，その力の現れ方を定性的に知ることができる場合もあるが，一般的な扱い，特に具体的な力の大きさを求めることは難しい。ここでは，コンデンサーの極板間に導体や誘電体を挿入していく場合に，電気回路の応用問題として，その物体が受ける静電気力を求めてみる。

誘電体の挿入

　起電力 V の電池に接続された平行板コンデンサーの極板間に，極板間隔と等しい厚さの誘電体を挿入する過程を考える。誘電体の比誘電率は ε_r とする。誘電体を外力で支えてゆっくりと（準静的に）挿入していく。

　極板は1辺の長さ L の正方形とする。極板間隔を d とすると，極板間の電場の

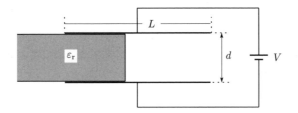

大きさは，誘電体のある部分も，ない部分も，

$$E = \frac{V}{d}$$

である。よって，極板の電荷面密度の大きさは，誘電体のない部分は

$$\sigma_1 = \varepsilon_0 E = \frac{\varepsilon_0 V}{d}$$

誘電体のある部分は

$$\sigma_2 = \varepsilon_r \varepsilon_0 E = \frac{\varepsilon_r \varepsilon_0 V}{d}$$

となる。

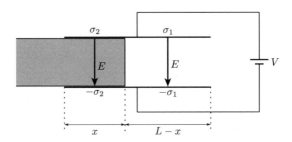

　したがって，誘電体を挿入した長さが x の状態でコンデンサーの帯電量は

$$Q(x) = \sigma_1 L(L-x) + \sigma_2 Lx = \frac{\varepsilon_0 LV}{d}\{(\varepsilon_r - 1)x + L\}$$

となる。また，コンデンサーの蓄える静電エネルギーは

$$U(x) = \frac{1}{2}Q(x)V = \frac{\varepsilon_0 LV^2}{2d}\{(\varepsilon_r - 1)x + L\}$$

となる。因みに，コンデンサーの電気容量は

$$C(x) = \frac{Q(x)}{V} = \frac{\varepsilon_0 L}{d}\{(\varepsilon_r - 1)x + L\}$$

である。これは，誘電体のある部分とない部分とに分けて容量を求めて，それらが並列に接続されていると考えても求めることができる。

さらに，誘電体を準静的に $\mathrm{d}x$ だけ押し込むときのエネルギー保存は，外力を F（押し込む向きを正の向きとする）として，

$$\mathrm{d}U = V\mathrm{d}Q + F\mathrm{d}x$$

となる。$V\mathrm{d}Q$ は電池の起電力の仕事である。これより，

$$F = \frac{\mathrm{d}U}{\mathrm{d}x} - V\frac{\mathrm{d}Q}{\mathrm{d}x} = -\frac{(\varepsilon_\mathrm{r} - 1)\varepsilon_0 L V^2}{2d}$$

を得る。$\varepsilon_\mathrm{r} > 1$ なので，$F < 0$ である。

この結果は，誘電体をゆっくりと挿入するには，押し込む向きと逆向きに外力で支える必要があることを意味する。つまり，誘電体は極板間に引き込まれる向きに大きさ $|F|$ の静電気力を受けている。しかし，高校物理の知識の範囲で，この力を機械的に直接求めるのは難しい。

やや詳細な検討〈発展〉

ところで，上の議論では，回路の電気抵抗を無視している。これは正当なのであろうか。

入試問題で，問題文に「電気抵抗は無視できる」と断りがあればもちろん無視して論じればよい。しかし，迂闊に電気抵抗を無視すると，物理的な矛盾を生じる場合もある。例えば，コンデンサーを充電する回路で電気抵抗を無視すると，電池の仕事の半分はコンデンサーに静電エネルギーとして蓄えられるが，残りの半分は蒸発したように見える。しかし，エネルギーの保存は絶対であり，電気抵抗を無視したとしてもジュール熱は無視できないのである。

電気抵抗を無視するとコンデンサーは瞬時に充電されることになる。しかし，現実には抵抗が完全に 0 ということはなく，抵抗を有限値 R とすれば，【例5-3】で調べたように，

$$I = \frac{V_0}{R}e^{-\frac{t}{CR}}$$

と時間変化し，連続的に充電される。電気抵抗を無視するとは $R \to 0$ の極限を考えることになる。充電までに要する時間 T は

$$e^{-\frac{T}{CR}} = 0$$

と扱える程度の時間を意味し，R が小さくなれば小さくなる。電流が流れる間の
ジュール熱は，

$$\int_0^T RI^2 \, \mathrm{d}t = \frac{V_0{}^2}{R} \int_0^T e^{-\frac{2t}{CR}} \, \mathrm{d}t = \frac{1}{2}CV_0{}^2 \left(1 - e^{-\frac{2T}{CR}}\right) = \frac{1}{2}CV_0{}^2$$

となり，電池の仕事とコンデンサーに蓄えられた静電エネルギーの差を説明する。
また，この結論は R の値に依存しない（どんなに小さくても 0 でなければ同じ結
論を得る）。

　そうなると，上の実験でも，電気抵抗が無視できるほど小さいとしても誘電体
を挿入する間のジュール熱も無視できないのであろうか。この場合，回路に流れ
る電流は

$$I = \frac{\mathrm{d}Q}{\mathrm{d}t} = \frac{(\varepsilon_\mathrm{r} - 1)\varepsilon_0 LV}{d}\dot{x}$$

となり，力学的にコントロールされる。いま，

$$\dot{x} = v_0 : 一定$$

とする。変化は準静的なので，この v_0 が非常に小さい。したがって，電流の値も
無視できるほど小さい一定の値となる。しかし，変化に要する時間

$$T = \frac{L}{v_0}$$

が非常に大きくなる。では，その間のジュール熱はどうなるか。具体的に計算す
れば，

$$R\left(\frac{(\varepsilon_\mathrm{r} - 1)\varepsilon_0 LV v_0}{d}\right)^2 \times \frac{L}{v_0} = \frac{(\varepsilon_\mathrm{r} - 1)^2 \varepsilon_0{}^2 L^3 V^2 R}{d^2}v_0$$

となる。この結果式より，電気抵抗 R の値の大小によらず，誘電体の移動が十分
にゆっくりで，その移動の速さ v_0 が十分に小さい場合には，ジュール熱は無視で
きることが分かる。

導体の挿入

　今度は，平行板コンデンサーの極板間に導体板を挿入する場合を考える。導体
板の厚さは極板間隔の $\frac{1}{2}$ として，極板と平行で極板に触れないようにゆっくり
と挿入する。

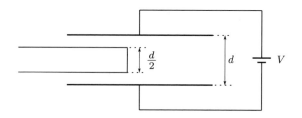

コンデンサーは，上と同じコンデンサーであり，同様に起電力 V の電池に接続しておく。導体板のない部分の電場の大きさは

$$E_1 = \frac{V}{d}$$

であるが，導体板のある部分は，電場の存在する空間の長さが $\frac{d}{2}$ なので，電場の大きさは

$$E_2 = \frac{V}{d/2} = \frac{2V}{d}$$

となる。

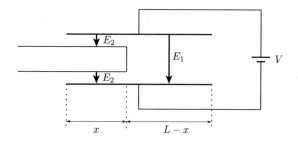

したがって，導体板を挿入した長さが x の状態でコンデンサーの帯電量は，

$$Q(x) = \varepsilon_0 E_1 \cdot L(L-x) + \varepsilon_0 E_2 \cdot Lx = \frac{\varepsilon_0 L(L+x)V}{d}$$

である。また，コンデンサーの静電エネルギーは，

$$U(x) = \frac{1}{2}Q(x)V = \frac{\varepsilon_0 L(L+x)V^2}{2d}$$

となる。

さらに，導体板を準静的に $\mathrm{d}x$ だけ押し込むときのエネルギー保存は，外力を F（押し込む向きを正の向きとする）として，

$$\mathrm{d}U = V\mathrm{d}Q + F\mathrm{d}x$$

となる。これより，

$$F = \frac{\mathrm{d}U}{\mathrm{d}x} - V\frac{\mathrm{d}Q}{\mathrm{d}x} = -\frac{\varepsilon_0 L V^2}{2d}\ \ (<0)$$

を得る。これより，導体板も極板間に引き込まれる向きに大きさ $|F|$ の静電気力を受けていることが分かる。

第6章 ローレンツ力

　荷電粒子が力を受ける場には，電場の他に**磁場**がある。しかし，ベクトル場としての磁場は磁石の磁極が力を感じる場として導入されたものである。荷電粒子が直接に感じる磁場のベクトル場は**磁束密度**である。

6.1　ベクトルの外積

　磁気的な現象を扱うには，ベクトルの**外積**と呼ばれる演算を知っていると便利である。高校数学では扱われないが，難しいわけではない。そこで，数学的な準備として紹介しておく（次節以降でも躊躇なく使っていく）。なお，第Ⅰ部§12.1（上巻掲載）と同一の内容である。

　2つのベクトル $\vec{a}$, $\vec{b}$ に対して，演算結果が次のようなベクトルになる演算を**外積**と呼び，記号 $\vec{a} \times \vec{b}$ で表す。なお，ベクトルを定義するとは，向きと大きさを定めることを意味する。

外積の定義
- $\vec{a}$, $\vec{b}$ が1次独立でない，すなわち，いずれかがゼロベクトルまたは互いに平行な場合：

$$\vec{a} \times \vec{b} = \vec{0}$$

- $\vec{a}$, $\vec{b}$ が1次独立な場合：

$\begin{cases} \vec{a} \times \vec{b} \text{ の向きは}, \vec{a}, \vec{b} \text{ の両方に垂直で,} \text{ かつ}, \vec{a}, \vec{b}, \vec{a} \times \vec{b} \text{ がこの順} \\ \text{に右手系をなす向き。} \\ \left| \vec{a} \times \vec{b} \right| = \left(\vec{a}, \vec{b} \text{ が作る平行四辺形の面積} \right) \end{cases}$

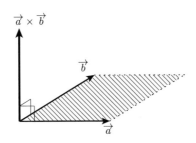

　「$\vec{a}, \vec{b}, \vec{a} \times \vec{b}$ がこの順に右手系をなす」とは，右手の親指，人差し指を $\vec{a}, \vec{b}$ の向きに沿って開いたときに，引き続き開いた中指の向きが $\vec{a} \times \vec{b}$ の向きとなることを意味する（通常の xyz 座標系の x 軸，y 軸，z 軸の正の向きは，この順に右手系をなしている）。

　$\vec{a}, \vec{b}$ が1次従属の場合は，平行四辺形がつぶれて面積0と解釈すれば，外積の大きさについての1次独立の場合の定義が1次従属の場合にも通用する。また，$\vec{a}$ と $\vec{b}$ のなす角を θ として

$$|\vec{a} \times \vec{b}| = |\vec{a}| \cdot |\vec{b}| \cdot \sin\theta = |\vec{a}| \cdot |\vec{b}| \sqrt{1 - \cos^2\theta}$$

なので，$\vec{a}, \vec{b}$ の内積 $\vec{a} \cdot \vec{b}$ を用いて，

$$|\vec{a} \times \vec{b}| = \sqrt{|\vec{a}|^2 \cdot |\vec{b}|^2 - (\vec{a} \cdot \vec{b})^2}$$

である。

外積の演算規則

　ベクトルの外積については，次のような演算規則が成り立つ。

① $\quad \vec{a} \times \vec{a} = \vec{0}$

② $\quad \vec{a} \times \vec{b} = -(\vec{b} \times \vec{a})$

③ $\quad \vec{a} \times (\vec{b} + \vec{c}) = \vec{a} \times \vec{b} + \vec{a} \times \vec{c}$

④ $\quad (\vec{a} + \vec{b}) \times \vec{c} = \vec{a} \times \vec{c} + \vec{b} \times \vec{c}$

⑤　スカラー（実数）k に対して, $(k\vec{a}) \times \vec{b} = \vec{a} \times (k\vec{b}) = k(\vec{a} \times \vec{b})$

つまり, 自分自身との積がゼロになることと, 積の順序を交換すると符号（向き）が変わること以外は, 他の積と同様の規則に従う。これらは, いずれも外積の定義から直接に導くことができる。

外積の成分表示

$\vec{a}$, $\vec{b}$ の成分表示が, それぞれ,

$$\vec{a} = \begin{pmatrix} a_1 \\ a_2 \\ a_3 \end{pmatrix}, \quad \vec{b} = \begin{pmatrix} b_1 \\ b_2 \\ b_3 \end{pmatrix}$$

のとき,

$$\vec{a} \times \vec{b} = \begin{pmatrix} a_2 b_3 - a_3 b_2 \\ a_3 b_1 - a_1 b_3 \\ a_1 b_2 - a_2 b_1 \end{pmatrix}$$

である。これは, 上述の演算規則を用いて次のように説明できる。

x, y, z 各方向の単位ベクトルを $\vec{e_x}, \vec{e_y}, \vec{e_z}$ とすれば,

$$\vec{a} = a_1 \vec{e_x} + a_2 \vec{e_y} + a_3 \vec{e_z}, \qquad \vec{b} = b_1 \vec{e_x} + b_2 \vec{e_y} + b_3 \vec{e_z}$$

である。xyz 系は右手系に設定されているので

$$\begin{cases} \vec{e_x} \times \vec{e_y} = -(\vec{e_y} \times \vec{e_x}) = \vec{e_z} \\ \vec{e_y} \times \vec{e_z} = -(\vec{e_z} \times \vec{e_y}) = \vec{e_x} \\ \vec{e_z} \times \vec{e_x} = -(\vec{e_x} \times \vec{e_z}) = \vec{e_y} \end{cases}$$

となることと

$$\vec{e_x} \times \vec{e_x} = \vec{e_y} \times \vec{e_y} = \vec{e_z} \times \vec{e_z} = \vec{0}$$

であることを用いれば,

$$\begin{aligned} \vec{a} \times \vec{b} &= (a_1 \vec{e_x} + a_2 \vec{e_y} + a_3 \vec{e_z}) \times (b_1 \vec{e_x} + b_2 \vec{e_y} + b_3 \vec{e_z}) \\ &= (a_1 b_2 - a_2 b_1)(\vec{e_x} \times \vec{e_y}) + (a_2 b_3 - a_3 b_2)(\vec{e_y} \times \vec{e_z}) \\ &\quad + (a_3 b_1 - a_1 b_3)(\vec{e_z} \times \vec{e_x}) \\ &= (a_2 b_3 - a_3 b_2)\, \vec{e_x} + (a_3 b_1 - a_1 b_3)\, \vec{e_y} + (a_1 b_2 - a_2 b_1)\, \vec{e_z} \end{aligned}$$

となる。

6.2 磁束密度

ある空間の中で，点電荷 q が

$$\vec{F} = q\vec{E}$$

なる力の作用を受けるときに，ベクトル場 $\vec{E}$ を，この空間の電場と呼んだ。点電荷の速度が $\vec{v}$ であることにより，点電荷に作用する力が

$$\vec{F} = q\vec{E} + q\left(\vec{v} \times \vec{B}\right) \tag{6–2–1}$$

となるとき，この空間のベクトル場 $\vec{B}$ を**磁束密度**（ベクトル）と呼ぶ。

(6–2–1) 式は磁束密度（と電場）の定義であるが，現実に磁束密度が存在するのか，存在するならば現れ方は如何なる法則に基づくのか，ということは別の議論が必要である。存在については，さまざまな実験（次節以降で関係する現象を研究していく）から確認されている。磁束密度（の大きさ）の単位は定義より

$$\mathrm{N/(C \cdot m/s)} = \mathrm{N/(A \cdot m)}$$

であるが，これを T（テスラ）とする。

磁束密度が恒等的にはゼロでない空間を**磁場**という。ベクトル場（概念ではなく数量）としての磁場もあるが，現実の現象に関わるのは磁束密度であり，磁場は補助的に登場する。しかし，高校物理では数量としての磁場も扱われているので，次章において必要な範囲で紹介することにする。

一般には (6–2–1) 式の力をローレンツ力と呼ぶが，高校物理では特に磁場による力

$$\vec{f_{\mathrm{L}}} \equiv q\left(\vec{v} \times \vec{B}\right)$$

をローレンツ力と呼ぶことが多い（本書でも，電場による力と区別するために，これをローレンツ力と呼ぶことにする）。$q > 0$ の場合（$q < 0$ の場合は向きが逆になる），ローレンツ力は右図のように現れる（平面に射影して描いているが，$\vec{f_{\mathrm{L}}}$ の方向は $\vec{v}$ と $\vec{B}$ が張る平面の法線方向である）。

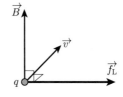

6.3 磁場中の荷電粒子の運動

磁場中（$\vec{E} = \vec{0}$, $\vec{B} \neq \vec{0}$ の空間）における荷電粒子（質量 m, 電気量 q）の運動を考える。

運動方程式は，

$$m\frac{\mathrm{d}\vec{v}}{\mathrm{d}t} = q\left(\vec{v} \times \vec{B}\right)$$

である。具体的な運動の形態は磁束密度の分布の様子に依存するが，一般的に成立する重要な性質を容易に確認することができる。

$\left(\vec{v} \times \vec{B}\right) \perp \vec{v}$ なので，ローレンツ力の仕事率は常に 0 であり，エネルギーの保存は，

$$\frac{\mathrm{d}}{\mathrm{d}t}\left(\frac{1}{2}mv^2\right) = 0$$

となる。したがって，磁場中での荷電粒子の運動は一般に<u>等速運動</u>となる。なお，速度に対して横向きに力を受けるので，特別な場合を除けば，軌道が直線になることはない。

一様かつ一定な磁場中の荷電粒子の運動

磁束密度が一様（位置によらない）かつ一定（時刻によらない）である場合，すなわち，定ベクトルで表される場合について詳しく調べる。

磁束密度の向きが $+z$ 向きとなるように直交座標を設定する。ローレンツ力 $q\left(\vec{v} \times \vec{B}\right)$ は磁束密度 $\vec{B}$ とも直交するので，いまの場合 z 成分は 0 である。したがって，荷電粒子の速度の z 成分は一定に保たれる。

そこで，磁束密度と垂直な平面，いまの場合は xy 平面，に正射影して得られる運動が問題となる。一般に磁場中での運動は等速運動であり，さらに，いまは z 方向の速度も一定なので，xy 平面に正射影して得られる運動も等速運動となる。

$$v_x{}^2 + v_y{}^2 + v_z{}^2 = 一定 \quad かつ \quad v_z = 一定 \qquad \therefore \quad v_x{}^2 + v_y{}^2 = 一定$$

そして，速度と垂直な方向にローレンツ力を受けて向きを変えながら運動する。この平面内の速度 u と磁束密度は直交するので，ローレンツ力の大きさは quB であり一定となる。そのため，向きの変え方（軌道の曲率）も一定となる。したがって，磁束密度と垂直な平面に正射影して得られる運動はローレンツ力を向心力と

する等速円運動となる。軌道円の中心や半径は，ローレンツ力の具体的な現れ方を確認して円運動の方程式を書くことにより決定できる。

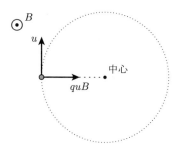

　上記のことは，運動方程式を具体的に書いて分析にすることによっても確認できるが，一様かつ一定な磁場中での荷電粒子の運動について，結論として，

　Ⓐ　磁場（磁束密度）の方向には等速度

　Ⓑ　磁場と垂直な平面に正射影した運動はローレンツ力を向心力とする等速
　　　円運動

となることは確認しておこう。

　全体としての運動は，Ⓐ の運動と Ⓑ の運動の合成となり，一般的には等速螺旋運動となる。

　特別な場合として，一定の平面内の等速円運動（磁場方向の速度が 0 の場合）や等速直線運動（磁場と垂直な平面に正射影した速度が 0 の場合）になる場合もある。

【例 6–1】

　一様かつ一定な磁場中に，質量 m，電気量 $q\,(> 0)$ の荷電粒子を磁場に対して斜めに入射した場合の運動の軌道を求める。

　磁場の磁束密度の大きさを B，磁場方向の初速度を v_0，磁場と垂直な方向の初速度を u_0 とする。

　荷電粒子は磁場の方向には力を受けないので，この方向には速度 v_0 の等速度運動となる。

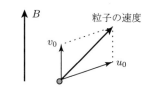

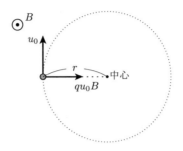

　磁場と垂直な平面に正射影した運動に注目する（上図）と，ローレンツ力を向心力とする等速円運動になる。その半径 r は円運動の方程式より，

$$m\frac{u_0{}^2}{r} = qu_0 B \qquad \therefore \quad r = \frac{mu_0}{qB}$$

であることが分かる。また，この等速円運動の周期は

$$T = \frac{2\pi r}{u_0} = \frac{2\pi m}{qB}$$

であり，初速度によらない一定値である。

　荷電粒子が現実に描く軌道は，一様なピッチ（螺旋の 1 周ごとの幅）

$$d = v_0 T = \frac{2\pi m v_0}{qB}$$

の螺旋になる。

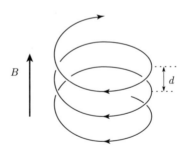

　一様かつ一定な磁場中での荷電粒子の運動の特徴を，【例 6–1】の場合について運動方程式からも確認しておこう。

　磁束密度の成分表示は

$$\vec{B} = \begin{pmatrix} 0 \\ 0 \\ B \end{pmatrix}$$

なので，ローレンツ力の成分表示は

$$q\left(\vec{v} \times \vec{B}\right) = \begin{pmatrix} qBv_y \\ -qBv_x \\ 0 \end{pmatrix}$$

となる。よって，成分ごとに運動方程式を書けば，

$$m\frac{\mathrm{d}v_x}{\mathrm{d}t} = qBv_y \qquad \cdots\cdots \text{ⓐ}$$

$$m\frac{\mathrm{d}v_y}{\mathrm{d}t} = -qBv_x \quad \cdots\cdots \text{ⓑ}$$

$$m\frac{\mathrm{d}v_z}{\mathrm{d}t} = 0 \qquad\quad \cdots\cdots \text{ⓒ}$$

となる。

ⓒ式より，即座に

$$v_z = 一定$$

が導かれ，磁場方向の速度は一定になることが分かる。

次に，ⓐより，

$$v_y = \frac{m}{qB}\frac{\mathrm{d}v_x}{\mathrm{d}t} \quad \cdots\cdots \text{ⓐ}'$$

なので，これをⓑに代入すると，

$$\frac{m^2}{qB}\frac{\mathrm{d}^2 v_x}{\mathrm{d}t^2} = -qBv_x \qquad \text{i.e.} \quad \frac{\mathrm{d}^2 v_x}{\mathrm{d}t^2} = -\left(\frac{qB}{m}\right)^2 v_x$$

となる。これは角振動数が

$$\omega = \frac{qB}{m}$$

の単振動の方程式である。速度に対する初期条件は

$$v_x(0) = 0, \qquad v_y(0) = u_0 \quad \left(\dot{v_x}(0) = \frac{qBu_0}{m}\right)$$

なので，

$$v_x = u_0 \sin\left(\frac{qB}{m}t\right)$$

である。また，@′ より，

$$v_y = u_0 \cos\left(\frac{qB}{m}t\right)$$

となる。

　位置についての初期条件を

$$x(0) = y(0) = z(0) = 0$$

とすれば，

$$x = 0 + \int_0^t v_x(s)\,\mathrm{d}s = \frac{mu_0}{qB}\left\{1 - \cos\left(\frac{qB}{m}t\right)\right\}$$

$$y = 0 + \int_0^t v_y(s)\,\mathrm{d}s = \frac{mu_0}{qB}\sin\left(\frac{qB}{m}t\right)$$

である。これより，磁場と垂直な平面に正射影した運動は，半径

$$r = \frac{mu_0}{qB}$$

の等速円運動であることが確認できる。■

6.4　電磁場中の荷電粒子の運動

　電場も磁場もある典型的な場合について調べる。

　電場も磁場も一様かつ一定とする。電場を $\vec{E}$，磁束密度を $\vec{B}$ とする。粒子の質量を m，電気量を q とし，重力や空気の影響は無視する。

電場と磁場が平行な場合

　$\vec{E}$ と $\vec{B}$ が平行な場合，電場による力 $q\vec{E}$ と磁場による力 $q(\vec{v} \times \vec{B})$ は直交し，互いに独立にはたらく。例えば，【例 6–1】において，

$$\vec{E} = \begin{pmatrix} 0 \\ 0 \\ E \end{pmatrix}$$

なる電場があれば，運動方程式は

$$m\frac{\mathrm{d}v_x}{\mathrm{d}t} = qBv_y \quad \cdots\cdots \text{ⓐ}$$

$$m\frac{\mathrm{d}v_y}{\mathrm{d}t} = -qBv_x \quad \cdots\cdots ⓑ$$

$$m\frac{\mathrm{d}v_z}{\mathrm{d}t} = qE \qquad \cdots\cdots ⓒ'$$

となる。z 軸方向の運動は電場の力による等加速度運動になるが、xy 平面に正射影した運動はまったく変わらない。全体としては、ピッチが変化しながらの半径が一様な螺旋軌道を描くことになる。

電場と磁場が垂直な場合

$\vec{E}$ と $\vec{B}$ が垂直な場合は、電場による力 $q\vec{E}$ と磁場による力 $q(\vec{v}\times\vec{B})$ が同じ平面内に現れるので両者の効果が重なって現れる。しかし、電場も磁場も一様かつ一定であれば、運動方程式に遡って考察することにより容易に解決できる。

【例6–2】

　$+y$ 向きに大きさ E の電場と、$+z$ 向きに磁束密度の大きさが B の磁場がある xyz 空間において、質量 m、電気量 $q\,(>0)$ の荷電粒子の運動を考える。時刻 $t=0$ において、粒子は原点 O にあり、速度は $\vec{0}$ であった。

　速度が $\vec{0}$ のとき磁場からは力を受けないが、電場からの力により粒子は動き出し、そうすると速度と垂直な向きに磁場からの力も受ける。そのため、粒子の軌跡は曲線となり、速さの変化もある。運動方程式は

$$m\frac{\mathrm{d}\vec{v}}{\mathrm{d}t} = q(\vec{E} + \vec{v}\times\vec{B}) \quad \cdots\cdots ①$$

である。

　$\vec{E}$ と $\vec{B}$ が垂直で、それぞれ一様かつ一定の場合、$\vec{E}+\vec{v_0}\times\vec{B}=\vec{0}$ となる定ベクトル $\vec{v_0}$ が存在する。実際、

$$\vec{E} = \begin{pmatrix} 0 \\ E \\ 0 \end{pmatrix}, \quad \vec{B} = \begin{pmatrix} 0 \\ 0 \\ B \end{pmatrix}$$

なので、

$$\vec{v_0} = \begin{pmatrix} \dfrac{E}{B} \\ 0 \\ 0 \end{pmatrix}$$

は, $\vec{E} + \vec{v_0} \times \vec{B} = \vec{0}$ を満たす。この $\vec{v_0}$ に対して,

$$\vec{v} = \vec{v_0} + \vec{u}$$

とおくと,

$$\frac{\mathrm{d}\vec{v}}{\mathrm{d}t} = \frac{\mathrm{d}\vec{u}}{\mathrm{d}t} , \quad \vec{E} + \vec{v} \times \vec{B} = \underline{\vec{E} + \vec{v_0} \times \vec{B}} + \vec{u} \times \vec{B} = \vec{u} \times \vec{B}$$

であるから, 運動方程式①は,

$$m\frac{\mathrm{d}\vec{u}}{\mathrm{d}t} = q(\vec{u} \times \vec{B}) \quad \cdots\cdots ②$$

となる。$\vec{v}$ が表す粒子の運動は $\vec{v_0}$ の表す等速直線運動と, 方程式②に従う速度 $\vec{u}$ の表す運動を重ね合わせた運動となる。

$\vec{v}(0) = \vec{0}$ なので, $\vec{u}$ の初期値は

$$\vec{0} = \vec{v_0} + \vec{u}(0) \qquad \therefore \quad \vec{u}(0) = -\vec{v_0}$$

である。②の運動は一様かつ一定の磁場中での荷電粒子の運動と同一であり, 初速度が磁場と垂直なので, $\vec{u}$ の表す運動は磁場と垂直な平面内での等速円運動となる。その速さは $v_0 = \dfrac{E}{B}$ であるから, 円の半径 r は

$$m\frac{{v_0}^2}{r} = qv_0 B \qquad \therefore \quad r = \frac{mv_0}{qB} = \frac{mE}{qB^2}$$

である。粒子の速度を時刻 t の関数として表示すれば,

$$\begin{cases} v_x = v_0 - v_0 \cos \omega t \\ v_y = v_0 \sin \omega t \\ v_z = 0 \end{cases}$$

となる。ここで, $\omega = \dfrac{v_0}{r} = \dfrac{qB}{m}$ は $\vec{u}$ の表す円運動の角速度である。z 方向に力を受けず, 初速度が 0 なので, $v_z(t) = 0$ となる。さらに, $x(0) = y(0) = z(0) = 0$ であるので, 運動は xy 平面内で実現し, その軌跡は

$$\begin{cases} x = v_0 t - \dfrac{v_0}{\omega} \sin \omega t \\ y = \dfrac{v_0}{\omega} (1 - \cos \omega t) \end{cases}$$

により表される。$\theta = \omega t$ とおけば，

$$\begin{cases} x = r(\theta - \sin \theta) \\ y = r(1 - \cos \theta) \end{cases}$$

と書き直すことができ，軌跡がサイクロイドであることがわかる。■

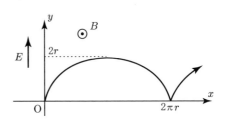

6.5 電流が磁場から受ける力

電流は電荷の流れであるが，微視的にはキャリア（担体，電荷を運ぶ荷電粒子）の集団的な運動である。したがって，磁場中で電流が流れると，そのキャリアはローレンツ力を受ける。導線が十分に細い場合は，キャリアの受けるローレンツ力の総和は，導線が磁場から受ける力として現れる。これはアンペール力と呼ぶが，**電流が磁場から受ける力**と説明的に表現することも多い。

金属の場合，キャリアは自由電子であるが，ここでは抽象的に電荷 q の粒子をキャリアとして想定する（自由電子の場合は $q = -e$）。導線の断面積を S として，十分に小さい長さ Δl の部分が磁場から受ける力を求める。ここで「十分に小さい」とは，電流ベクトル $\vec{I}$ や磁束密度 $\vec{B}$ が一様と扱えることを意味する。

$q > 0$ の場合：

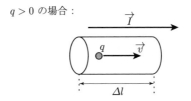

キャリアの速度を $\vec{v}$ とすると，1つのキャリアが受けるローレンツ力は

$$\vec{f} = q\left(\vec{v} \times \vec{B}\right)$$

であるから，この部分に存在するキャリアが受けるローレンツ力の総和は，キャリアの数密度を n として，

$$\Delta \vec{F} = nS\Delta l \cdot \vec{f} = qnS\left(\vec{v} \times \vec{B}\right)\Delta l$$

となる。ここで,

$$\vec{I} = qnS\vec{v} \tag{6-5-1}$$

なので, 結局,

$$\Delta\vec{F} = \left(\vec{I} \times \vec{B}\right)\Delta l \tag{6-5-2}$$

とまとめることができる。(6-5-1) の関係は, キャリアの電荷の符号によらず成立するので, 電流が磁場から受ける力は一般に (6-5-2) 式で表現される。つまり, キャリアの受けるローレンツ力まで遡らずに<u>電流が受ける力</u>として捉えることができる。

電流が磁場から受ける力の向きについては, フレミングの左手の法則から判断することもできるが, 外積を用いた表示法を覚えておけば, そこから向きも大きさも読み取ることができる。

ホール効果

導線に幅がある場合には, 磁場中で電流が流れると, 電流と磁場の両方に垂直な方向に電位差が生じる。この現象を**ホール効果**という。

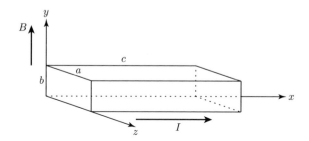

上図のように, xyz 空間に置かれた直方体の金属棒がある。直方体の各辺は座標軸と平行で, 各辺の長さは図に示した通りである。空間には y 軸の正の向きに一様な磁場があり, 磁束密度の大きさが B である。

金属棒に x 軸の正の向きに電流 I が流れるとき, 金属内では x 軸の負の向きに自由電子(電気量 $-e$)が移動している。その速さを v とすれば, 自由電子は z 軸の正の向きに大きさ evB のローレンツ力を受ける。

その結果, 金属棒の z 軸の正の側の側面 B に自由電子が押し寄せられて負に帯電する。一方, z 軸の負の側の側面 A は自由電子が不足気味になり正に帯電する。

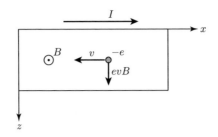

この側面に分布した電荷により，z軸の正の向きに静電場が誘導される。自由電子はローレンツ力に加えて，この静電場による静電気力も受ける。静電気力の向きはz軸の負の向きに働く。

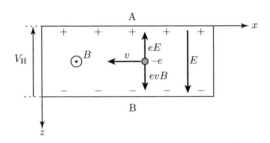

　ローレンツ力と静電気力がつり合った状態で定常状態に達する。このときの静電場の大きさ E は，自由電子に働く力のつり合いより，

$$evB = eE \qquad \therefore \quad E = vB$$

となる。その結果，2つの側面 A，B 間には電位差が生じる。この電位差を**ホール電圧**という。ホール電圧の大きさは

$$V_H = Ea = vBa$$

となる。電場の向きが A → B の向きなので，A 側が高電位となる。

　導体のキャリアは負電荷 $-e$ をもつ自由電子であるが，半導体に電流が流れる場合のキャリアには電子の場合（n 型半導体）と正孔（ホール）の場合（p 型半導体）とがある。正孔の電気量は $+e$ である。p 型半導体では，キャリアの受けるローレンツ力の向きが z 軸の正の向きであることに変わりはないが，キャリアの電荷の符号が自由電子の場合と逆なので，側面 B が正に，側面 A が負に帯電

し，静電場の向きは逆になる。したがって，電位差の向きもキャリアの電荷が負か正かにより逆向きになる。なお，カタカナで書くと紛らわしいが，ホール効果のホール（Hall）と正孔のホール（hole）は無関係である。ホール効果の Hall は人名である。

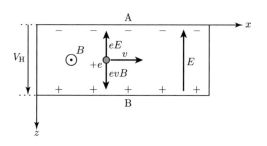

ところで，上の金属棒の場合に，自由電子数密度を n とすれば，

$$I = enabv \qquad \therefore \quad v = \frac{I}{enab}$$

なので，ホール電圧の大きさは，電流を用いて

$$V_H = \frac{B}{enb}I$$

と表すこともできる。この関係は半導体の場合も同様である。したがって，ホール電圧の測定により，キャリアの符号だけでなく，その数密度 n を知ることができる。

第7章　定常電流の作る磁場

　電場に関しては，その基本法則であるガウスの法則を学んだ。一方，磁場に関しては，その基本法則を高校の教科書では紹介していない。ただし，磁場が電流により誘導されることは紹介されている。そして，具体的には3つの例が示されている。

　ところで，すでに述べたように，磁場を代表する関数として実際の現象に関わるのは磁束密度であるが，電流が誘導する場は（ベクトル量としての）磁場である。そこで，磁束密度と磁場の関係から確認する。

7.1　磁束密度と磁場

　まず，磁束密度も磁場もベクトル場であり，重ね合わせの原理に従う。真空中では，磁束密度 $\vec{B}$ と磁場 $\vec{H}$ には本質的な差異はなく，比例定数 μ_0 を介して

$$\vec{B} = \mu_0 \vec{H}$$

の関係で結びつけられる。磁場を代表する場として，まず磁束密度を導入した本書の立場では，

$$\vec{H} = \frac{1}{\mu_0} \vec{B}$$

が磁場 $\vec{H}$ の定義となる。

　物質中では，比例定数を修正する必要がある場合があり，修正された比例定数 μ を用いて

$$\vec{B} = \mu \vec{H} \tag{7-1-1}$$

の関係が成立する。物質で決まる比例定数 μ を**透磁率**と呼ぶので，μ_0 は**真空の透**

磁率と呼ぶ。電場についての誘電率と同様に，**比透磁率**

$$\mu_r \equiv \frac{\mu}{\mu_0}$$

も定義される。

　物質の透磁率の意味や，物質中での磁場と磁束密度の差異について理解することは高校物理の範囲を遙かに超えて難しくなるので，ここでは踏み込んだ議論はしない。入試の範囲では，磁場と磁束密度の関係については，(7–1–1) を「公式」（あるいは磁場の定義）として覚えておけば十分である。

7.2　具体例

　電流が誘導する磁場について，高校の教科書でも紹介されている 3 つの具体例を確認しておこう。

　ところで，磁気的な現象を扱う際に「右ネジの関係」という概念を身に付けておくと便利なので，紹介しておく。右ネジの関係は，閉じた曲線に沿って周回する向きと，その閉曲線が囲む面を貫く向きの関係を示す用語である。右ネジというのは，ネジを

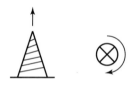

刺して右回りに回転させると，ネジが締まる。つまり，貫通していく。このときの，ネジを回転させる向きと，ネジが貫通していく向きの関係を**右ネジの関係**と呼ぶことにする。

円電流

　半径 a の 1 巻き円形コイルに大きさ I の定常電流（一様かつ一定の電流）が流れるとき，

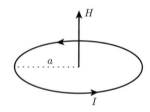

コイルの中心における磁場の大きさは

$$H = \frac{I}{2a}$$

である。磁場の向きは，コイルを含む平面と垂直で，電流の流れる向きと右ネジの関係にある。

　コイルに流れる電流は，中心だけでなく，まわりの空間に磁場を誘導する。コイルの中心を通り，コイルを含む平面に垂直な断面における様子を磁力線（電場に対する電気力線と同様に，ベクトル場の分布の様子を模式的に表示するためのイメージ）で表すと下図のようになる。

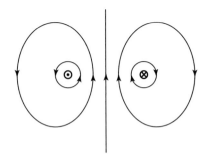

　ここで，⊙ は紙面に対して裏面から表面の向きに，⊗ は表面から裏面の向きに電流が流れていることを示す。

　磁力線は必ず渦を巻いて閉じたループを形成する。静電場の電気力線のように湧き出し口や吸込み口は存在しない。つまり，電場については，その源となる電荷が実在するのに対して，磁場の源となる荷（磁荷）は自然界には存在しない。これは，観測結果に基づく物理的な要請である。

　では，何が磁場の源になるかというと，電流である。電流は磁場の渦の軸になる。そして，磁場の渦は電流の向きに向かって右回りの渦として現れる。

直線電流

　直線（現実には十分に長くまっすぐな導線）に沿って定常電流 I が流れるとき，まわりの空間には，この直線電流を軸とする渦状の磁場が誘導される。その様子を磁力線の様子で表すと次図のようになる（紙面と垂直に表から裏の向きに直線電流が流れている場合）。

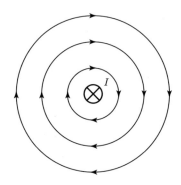

　磁力線は直線電流を中心とする円を形成する。各円周（磁力線）上では磁場の強さは一様で，円の半径（直線からの距離）を r として

$$H = \frac{I}{2\pi r}$$

となる。向きは，円の接線方向で，電流の向きに向かって右回りである。つまり，磁場の向きと電流の向きとは右ネジの関係にある。

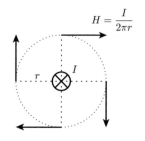

　この場合の磁場の大きさは，電流の大きさ I が円周上に一様に散らばった値として理解することができる。これは，こじつけではなく，磁場に関する一般的な基本法則の解釈に繋がる（§7.5 を参照）。

　ここまでの2つの例を見れば明らかなように，磁場の次元は

$$[磁場] = \frac{[電流]}{[長さ]}$$

である。これを覚えておくだけでも，具体的な磁場の大きさを表す式を再現しやすくなるだろう。

ソレノイド

　一様な密度で稠密に（隙間なく）巻かれた円筒コイルを**ソレノイド**と呼ぶ。特に，無限に長いソレノイドを考える。現実には無限に長いということは実現しないが，円筒の太さと比べて十分に長ければ近似的に以下での説明の結論が有効である。入試などでは，長さが有限の場合にもソレノイドに近似して扱うことがある。

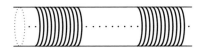

　ソレノイドに電流を流したときに誘導される磁場は，ソレノイド内部のみに一様な大きさの平行磁場として現れる。ソレノイドの単位長さあたりの巻き数を n（n は長さの逆数の次元をもつ），電流の大きさを I とすれば，ソレノイド内部の磁場の大きさは

$$H = nI$$

となる。磁場の向きは，電流の向きと右ネジの関係にある。

7.3　電流間相互作用

　電流は磁場を誘導し，一方，電流は磁場から力を受ける。したがって，2つの電流があると，一方の電流は，他方の電流が誘導する磁場から力を受ける。立場を入れ替えても同様のことが言える。これらの力は結論として互いに逆向きに同じ大きさの力となるので（場の考え方を導入しているので，用語としては厳密には正しくないが，形式的には作用・反作用の法則を満たすので），電流間の相互作用と呼ぶことがある。

　典型的な例として，真空中で平行に流れる直線電流間の相互作用を求めてみる。

　各電流を同じ向きを正の向きとして I_1, I_2，電流間の間隔を r とする。電流 I_1 が電流 I_2 の位置に誘導する磁場は次ページの右図の向きに

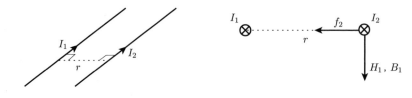

$$H_1 = \frac{I_1}{2\pi r}$$

となる。電流が感じるのは磁場ではなく磁束密度である。電流 I_1 による磁束密度は磁場と同じ向きに

$$B_1 = \mu_0 H_1 = \frac{\mu_0 I_1}{2\pi r}$$

となる。したがって，電流 I_2 の単位長さが受ける力は引力を正，斥力を負の符号で表して

$$f_2 = I_2 B_1 = \frac{\mu_0 I_1 I_2}{2\pi r}$$

となる。

　立場を入れ替えて，同様に電流 I_1 の単位長さが，電流 I_2 が誘導する磁場から受ける力を求めると，引力を正，斥力を負の符号で表して

$$f_1 = I_1 B_2 = \frac{\mu_0 I_1 I_2}{2\pi r} = f_2$$

となる（各自で確かめてみよう）。

7.4　磁石と磁場 〈参考〉

　磁石の先端は仮想的に磁荷と扱うことができる。その場合，N 極を正の磁荷，S 極を負の磁荷とする。1 つの磁石では，N 極の磁荷と S 極の磁荷は大きさが等し

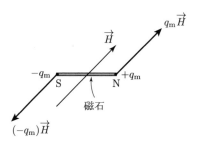

く $+q_\mathrm{m}, -q_\mathrm{m}$ の組となっている。磁荷は磁場を感じて力を受ける。空間の磁場が $\overrightarrow{H}$ のとき，磁荷 q_m は

$$\overrightarrow{f_\mathrm{m}} = q_\mathrm{m}\overrightarrow{H} \tag{7--4--1}$$

なる力（磁気力）を受ける。歴史的には，これが磁場 $\overrightarrow{H}$ の定義である。一様な磁場中で 1 つの棒磁石が受ける磁気力は偶力となる。

磁荷と磁荷の間には，電荷と電荷の間の静電気力と同様の法則（**磁気力に関するクーロンの法則**）に基づく力の作用が現れる。

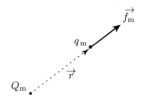

上図の場合，

$$\overrightarrow{f_\mathrm{m}} = \frac{1}{4\pi\mu_0}\frac{q_\mathrm{m}Q_\mathrm{m}}{r^2}\frac{\overrightarrow{r}}{r}$$

である。μ_0 は静電気力についての比例定数 ε_0 の代わりの比例定数であり，磁場を理論の起点とする場合には，ここで登場する。したがって，磁場の定義 (7–4–1) より，

$$\overrightarrow{H} = \frac{1}{4\pi\mu_0}\frac{Q_\mathrm{m}}{r^2}\frac{\overrightarrow{r}}{r}$$

は，磁荷 Q_m が位置 $\overrightarrow{r}$ に作る磁場である。

この位置に電流の微小片（長さ Δl）があるとき，

$$\Delta\overrightarrow{F} = \left\{\overrightarrow{I} \times (\mu_0\overrightarrow{H})\right\}\Delta l = \frac{Q_\mathrm{m}}{4\pi}\frac{\overrightarrow{I}}{r^2} \times \frac{\overrightarrow{r}}{r}\Delta l$$

の力を受けることになる。この力に作用・反作用の法則が適用できるとすれば，磁荷 Q_m は

$$\overrightarrow{f} = -\Delta\overrightarrow{F} = \frac{Q_\mathrm{m}}{4\pi}\frac{\overrightarrow{I}}{r^2} \times \frac{(-\overrightarrow{r})}{r}\Delta l$$

なる力を受けることになる。$-\overrightarrow{r}$ は電流の微小片から磁荷を見るベクトルなので，この結論は，電流の微小片は，そこから $\overrightarrow{r}$ の位置に

$$\Delta \vec{H} = \frac{\vec{I}}{4\pi r^2} \times \frac{\vec{r}}{r} \Delta l$$

なる磁場を誘導することを示す。これを**ビオ–サヴァールの法則**という。

ビオ–サヴァールの法則は，電流が誘導する磁場に関する一般的な法則のひとつであり，これと重ね合わせの原理に基づけば，さまざまな電流分布が誘導する磁場を求めることができる。

【例 7–1】

円電流の中心の真上の点の磁場をビオ–サヴァールの法則から求める。

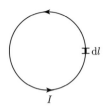

円電流を微小な部分（長さ dl）に等分割する。各部分が，円電流を含む平面と垂直な方向に中心から距離 h の位置に誘導する磁場は，下図の向きに大きさは，$r = \sqrt{a^2 + h^2}$ として，

$$dH = \frac{I}{4\pi r^2} \cdot dl$$

となる。電流部分布の対称性より，円周全体からの寄与の重ね合わせの結果は，円

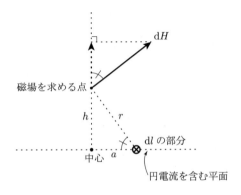

を含む平面の法線方向に残ることが分かる。その合成磁場の大きさは

$$H = \int_{\text{円周}} \mathrm{d}H \cdot \frac{a}{r} = \frac{Ia}{4\pi r^3} \int_{\text{円周}} \mathrm{d}l = \frac{Ia}{4\pi r^3} \cdot 2\pi a = \frac{Ia^2}{2r^3}$$

すなわち,

$$H = \frac{Ia^2}{2(a^2 + h^2)^{3/2}}$$

となる。特に, 円の中心 ($h = 0$) では

$$H_0 = \frac{I}{2a}$$

である。■

【例 7–2】

　ソレノイドは, コイルが稠密に巻いてあるので, 円電流が重なったものと見ることができる。コイル（円電流）の半径を a とする。ソレノイドの軸に沿って x 軸を設定して, その原点における磁場を求める。

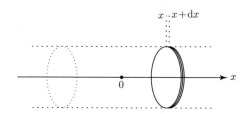

　位置 $x \sim x + \mathrm{d}x$ の部分には $n\mathrm{d}x$ 本の円電流が重なっている。これによる磁場は, 【例 7–1】の結論において $h \to x$, $I \to I \cdot n\mathrm{d}x$ と読み換えて

$$\mathrm{d}H = \frac{a^2 I \cdot n\mathrm{d}x}{2(a^2 + x^2)^{3/2}}$$

無限に長いソレノイドの場合は, これを $-\infty < x < +\infty$ の範囲で積分することにより, $x = 0$ の位置の磁場を求めることができる。

$$x = a \tan\theta$$

と置換して積分を実行すれば,

$$H = \frac{nI}{2} \int_{\theta=-\pi/2}^{\theta=\pi/2} \cos\theta \, \mathrm{d}\theta = nI$$

となる。■

電流が誘導する磁場に関する一般的な法則としては，ビオ–サヴァールの法則の他にアンペールの法則も知られている。2つの法則は等価な結論を与える。

7.5 アンペールの法則〈発展〉

空間内に向き付けした閉曲線 C を想定したときに，C を境界とする面積領域を S として，空間の磁場 $\overrightarrow{H}$ は，

$$\int_C \overrightarrow{H} \cdot \mathrm{d}\overrightarrow{r} = \sum_S I$$

が成り立つ。これを**アンペールの法則**という。ここで，左辺の積分はあらかじめ決めた C の向きに1周積分する。磁場 $\overrightarrow{H}$ は（仮想的な）単位磁荷が磁場から受ける力を表すので，この積分値は，単位磁荷が C に沿って1周したときに磁場が単位磁荷にする仕事を表す。右辺は S を貫いて流れる全電流を表す。電流は大きさを評価するのでベクトル的には扱わないが，向きを符号で区別する必要がある。C の向きと電流の正の向きは右ネジの関係に従って約束する。

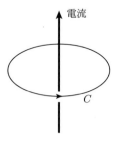

例えば，直線電流の場合，直線を軸とする半径 a の円周を C として，電流の向きに向かって右回りを正の向きとする。磁力線の走り方を考えると分かるように C 上では磁場 $\overrightarrow{H}$ と $\mathrm{d}\overrightarrow{r}$ は同じ向きであり，磁場の大きさは一様なので，

$$\int_C \overrightarrow{H} \cdot \mathrm{d}\overrightarrow{r} = H \int_C \mathrm{d}s = H \cdot 2\pi a$$

一方,

$$\sum_S I = I$$

なので，アンペールの法則より，

$$H \cdot 2\pi a = I \qquad \therefore \quad H = \frac{I}{2\pi a}$$

となる。ビオ–サヴァールの法則に基づいて計算しても，同じ結論を得る（各自で確かめてほしい）。

【例 7–3】

　下図（ソレノイドの軸を含む断面）のように，ソレノイドの軸を含む平面内の長方形を C として，アンペールの法則を適用する。長方形の横の長さは b として，軸からの距離を d_1, d_2 $(d_1 < d_2)$ とする。電流分布の対称性より，磁場は軸と平行で，軸からの距離 d の関数 $H = H(d)$ と考えられる。

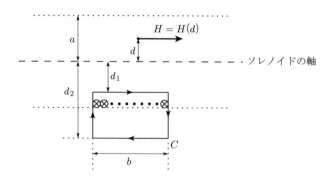

　このとき，

$$\int_C \overrightarrow{H} \cdot \mathrm{d}\overrightarrow{r} = H(d_1) \cdot b + \{-H(d_2)\} \cdot b$$

となる。よって，アンペールの法則より，

$$\{H(d_1) - H(d_2)\} \cdot b = \begin{cases} 0 & (0 \leqq d_2 < a) \\ I \cdot nb & (d_1 < a < d_2) \\ 0 & (a < d_1) \end{cases}$$

すなわち,

$$H(d_1) - H(d_2) = \begin{cases} 0 & (0 \leqq d_2 < a) \\ nI & (d_1 < a < d_2) \\ 0 & (a < d_1) \end{cases}$$

となる。つまり,ソレノイドの内部と外部はそれぞれ磁場が一様であり,

$$H(内部) - H(外部) = nI$$

であることが分かる。【例 7–2】において,

$$H(0) = nI$$

であることを求めたので,結局,

$$H = \begin{cases} nI & (内部) \\ 0 & (外部) \end{cases}$$

となる。■

第8章　電磁誘導

コイルに磁石を近づけたり遠ざけたりするとコイルに電流が流れる。また、模型用のモーターに電球を繋ぎ、モーターの軸を回転させると電球が光る。このとき、モーターの内部では磁石に囲まれたコイルが回転させられている。

上の2つの現象は似ているが、基本的なメカニズムに差異があるようにも思える。前者は（磁石の運動により）磁場が時間変化することにより、磁場中の回路に起電力が誘導された（回路に電流が流れるのは起電力の導入が必要）。後者は磁場中で回路が運動することにより、回路に起電力が誘導された。これらの現象は、いずれも**電磁誘導**と呼ぶ。また、電磁誘導により誘導された起電力を**誘導起電力**、回路に流れる電流を**誘導電流**という。

8.1　磁束

上述の2種類の現象は、回路が囲む面を貫く**磁束**に注目することにより統一的に説明することができる。

まず、回路が囲む面を貫く磁束（以下では、省略して「回路を貫く磁束」という）を定義する。回路 C を境界とする面積領域 S について、

$$\Phi \equiv \int_S \vec{B} \cdot \mathrm{d}\vec{S}$$

を回路 C を貫く磁束という。磁束の単位は $\mathrm{T \cdot m^2}$ であるが、これを Wb（ウェーバー）とする。

右辺の積分は磁束密度 $\vec{B}$ と S の微小部分の面積ベクトル（面素ベクトル）$\mathrm{d}\vec{S}$ の内積を S 全体について総和を求める操作を表す。面積ベクトルとは、大きさはその微小部分の面積であり、方向がその面と垂直なベクトルである。向きは、回

路 C の正の向きと右ネジの関係を満たすように定めておく。

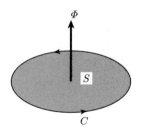

　磁束はスカラーであるが，符号をもつので，これを「向き」と表現し図では矢印で示す。

　磁束密度に湧き出しがないことの帰結として，磁束 Φ は，同じ回路 C を境界とする面積領域であれば任意の S に対して値が一致する。したがって，「回路 C を貫く磁束」と呼ぶことができる。

　回路 C がひとつの平面内の回路であり（その平面を「回路面」と呼ぶことにする），磁束密度 $\vec{B}$ が一様な場合には（入試で出題される状況は大抵このようになっている），回路 C が回路面から切り取る面積領域を S とすれば（その面積も S で表す），微小領域に分割する必要はなく，

$$\Phi = \vec{B} \cdot \vec{S} = BS \cos\theta$$

となる。θ は回路面の法線と磁束密度のなす角である。

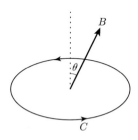

　特に，磁束密度が回路面と直交する場合（$\theta = 0$）には，

$$\Phi = BS$$

となる。

8.2　ファラデーの法則

　回路 C が囲む磁束 Φ に注目すると，磁場自体の時間変化も，回路の運動も，磁束の時間変化を惹き起こす。そして，回路には，

$$V_{\mathrm{e}} = -\frac{\mathrm{d}\Phi}{\mathrm{d}t} \tag{8–2–1}$$

で表される起電力が誘導される。ただし，回路 C の正の向きと，磁束 Φ の正の向きは右ネジの関係を満たすように定義しておく。

　これをファラデーの電磁誘導の法則という。負号 "−" は，レンツの法則を反映している。レンツの法則とは，

　　誘導電流は，磁束の変化の向きを妨げるような向きに流れる。

というものである。磁束の変化からは誘導起電力の大きさのみを読み取り，レンツの法則から起電力の向きを判断する立場もあるが， (8–2–1) 式に従えば，向きと大きさを同時に求めることができる。

【例 8–1】

　半径 a の 1 巻き円形コイルがある。コイルは紙面と平行に固定されている。空間には紙面と垂直に裏から表の向きに磁束密度の大きさが B の一様な磁場がある。

　磁束密度 B は一様であるが，下図のように時間変化する場合を考える。このとき，コイルに誘導される起電力 V を求める。ただし，端子 A に対して端子 B が高電位である場合に $V > 0$ とする。

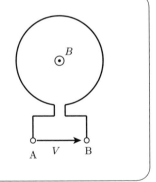

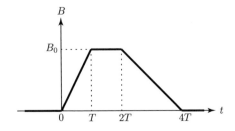

　誘導起電力はコイルに沿って生じるので，A→Bの向きの起電力とは，何もない AB間に現れるのではなく，実際には A→コイル→B に誘導される起電力を求めることになる。

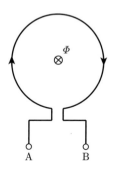

　その場合，ファラデーの電磁誘導の法則

$$V = -\frac{\mathrm{d}\Phi}{\mathrm{d}t}$$

の磁束 Φ は紙面と垂直に表から裏の向きを正の向きとして求めることになる。つまり，

$$\Phi = (-B) \cdot \pi a^2$$

である。よって，

$$V = -\frac{\mathrm{d}\Phi}{\mathrm{d}t} = +\frac{\mathrm{d}B}{\mathrm{d}t} \cdot \pi a^2$$

となる。ここで，$\dfrac{\mathrm{d}B}{\mathrm{d}t}$ は前ページの図のグラフの傾きに相当するので，コイルに

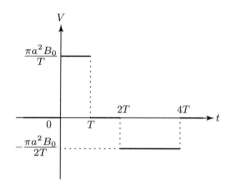

誘導される起電力 V を時刻 t の関数としてグラフに表せば前図のようになる。∎

【例 8–2】

　下図のように，水平面上に 2 本の平行な細い導体レールが固定されている。レールの間隔は l であり，左端は大きさの無視できる電気抵抗 R で接続されている。空間には鉛直上向きに一様な磁束密度 B の磁場がある。

　長さが l よりもわずかに長く細い導体棒 PQ をレールと垂直に接触させて，図の右向きに一定の大きさ F の外力を加える。導体棒の質量は m で，レールの左端に接続した抵抗以外の電気抵抗は無視できる。

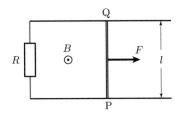

　導体棒 PQ が移動することにより，2 本のレールと抵抗，導体棒により形成される回路を貫く磁束が時間変化する。これにより回路には誘導起電力が現れて電流が流れる。

　レールの左端から導体棒 PQ までの距離を x とすれば，回路を貫く磁束は

$$\Phi = Blx$$

である。回路に流れる電流が作る磁場の効果は無視する（次章参照）。これと右ネジの関係で回路の正の向きを定義すると，ファラデーの電磁誘導の法則より，誘導起電力は

$$V_\mathrm{e} = -\frac{\mathrm{d}\Phi}{\mathrm{d}t} = -Bl\frac{\mathrm{d}x}{\mathrm{d}t} = -Blv$$

となる。ここで，

$$v \equiv \frac{\mathrm{d}x}{\mathrm{d}t}$$

は，導体棒 PQ の速度である。

　したがって，回路方程式は，

$$RI = -Blv \quad \cdots\cdots \text{ⓐ}$$

となる。

導体棒に $P \to Q$ の向きに電流 I が流れるので、磁場から右向きに IBl の力を受ける。したがって、運動方程式は、

$$m\frac{\mathrm{d}v}{\mathrm{d}t} = F + IBl \quad \cdots\cdots \text{ⓑ}$$

となる。

ⓐより、

$$I = -\frac{Bl}{R}v$$

なので、これをⓑに代入すれば、導体棒 PQ の運動について

$$m\frac{\mathrm{d}v}{\mathrm{d}t} = F - \frac{(Bl)^2}{R}v$$

なる方程式を得る。これは、速度に比例する抵抗力を受ける落下運動と同じ形の方程式である。十分に時間が経過すれば、速度 v は一定値に収束する。そのとき、

$$\frac{\mathrm{d}v}{\mathrm{d}t} = 0$$

なので、

$$0 = F - \frac{(Bl)^2}{R}v \qquad \therefore \quad v = \frac{FR}{(Bl)^2}$$

となる。また、

$$I = -\frac{Bl}{R}v = -\frac{F}{Bl}$$

である。負号は、$Q \to P$ の向きに電流が流れることを示す。■

N 巻きコイル

回路が複数回重ねられている場合（通常は、このような部分をコイルと呼ぶ）、誘導起電力は 1 巻きごとに誘導される。1 巻きごとを貫く磁束が一様で、同じ向きにコイルが巻かれている場合には、全体としての起電力は巻き数倍される。

N 巻きのコイルがあり、1 巻きごとを貫く磁束が ϕ の場合、コイル全体に誘導される起電力は、1 巻きごとの起電力

$$v = -\frac{\mathrm{d}\phi}{\mathrm{d}t}$$

の N 倍になるので,

$$V = Nv = -N\frac{\mathrm{d}\phi}{\mathrm{d}t}$$

となる。

　これは，次のように扱うこともできる。すなわち,

$$\varPhi = N\phi$$

をコイルを貫くのべの全磁束（用語としては磁束鎖 $\overset{\text{さくこう}}{\text{交}}$ 数あるいは鎖交磁束という）
と考え，コイルに誘導される起電力を

$$V = -\frac{\mathrm{d}\varPhi}{\mathrm{d}t} = -N\frac{\mathrm{d}\phi}{\mathrm{d}t}$$

として求めれば，上の議論と同じ結果を得ることができる。本書は後者の立場を
採用する。

8.3　静磁場中で回路が運動する場合

　磁場自体の時間変化はなく，磁束の変化がもっぱら回路（の一部）の運動のみに
基因する場合には，ローレンツ力の効果として誘導起電力を求めることもできる。
　【例 8–2】では，磁場中で導体棒を移動させることにより，導体内のキャリアも
強制的に磁場中で速度をもつことになる。したがって，キャリアはローレンツ力
を受けて回路に沿って動き出すことになり，その流れが誘導電流となる。起電力
とは，静電場に逆らって電荷を移動させる効果により，単位電荷（+1 の電荷）が
回路を 1 周する間にされる仕事であった（§5.2 参照）。
　【例 8–2】の場合，誘導電流を生じさせるローレンツ力は移動している導体棒中

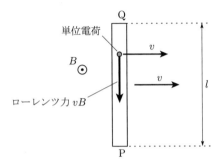

のみで現れる。

単位電荷が受けるローレンツ力により，単位電荷が導体棒 PQ を通過することに基づく仕事を求めると，

$$vB \times l = vBl$$

となり，磁束の時間変化に注目して求めた起電力の大きさと一致する。起電力の向きは，単位電荷が受けるローレンツ力の向き Q → P である（この向きに電流が誘導される）。

一般に，静磁場（時間変化しない磁場）中で回路 C が運動することにより電磁誘導が生じる場合の誘導起電力は

$$V_e = \int_C \left(\vec{v} \times \vec{B} \right) \cdot \mathrm{d}\vec{r} \tag{8–3–1}$$

により与えられる（ファラデーの電磁誘導の法則による結論と一致する）。ここで，$\vec{v}$ は回路 C（導線）の各部分の空間に対する速度，$\mathrm{d}\vec{r}$ は回路に沿った変位である。

後に論じるように，速度をもつ部分の導線内のキャリアの現実の変位は導線に沿っていない。(8–3–1) 式に従って誘導起電力を求めるときには，仮想的に単位電荷が瞬間的に（回路の移動を無視して）回路に沿って 1 周したと考えて，単位電荷に対するローレンツ力による仕事を求めることになる。やや難しくなるので省略するが，(8–3–1) 式の計算結果が磁束の変化に注目した (8–2–1) 式の結論と一致することは数学的に証明できる。

ローレンツ力の仕事を考えることには違和感を覚える人もいると思う。ローレンツ力が仕事をしないという常識に反している。この点については後に詳述するが，回路（導線）に対するキャリアの速度を見ていないことに理由がある。しかし，磁場の時間変化がない場合には，上で調べたように，回路の動いている部分のみに注目して起電力を求めることができるので便利である。これは次のように考えてもよい。

回路の動いている部分に現れる起電力の大きさは，その部分が単位時間に切る（通過する部分を貫く）磁束と一致する。その分だけ，回路全体が囲む面を貫く磁束が変化することになるので，この考え方はファラデーの電磁誘導の法則を読み換えたものである。起電力の向きは，その動きの速度と磁束密度の外積 $\vec{v} \times \vec{B}$

の向きと一致する。

　磁束の時間変化が磁場の時間変化に基づく場合も，変化した分の磁束は，回路（導線）を横切って内側に入ってくる（あるいは，外側に出ていく）。起電力の大きさを求める方法としては，回路を横切る磁束に注目する考え方も一般に有効である。

【例 8–3】

　磁場中に，一部が開いている半径 r の円形の金属輪を固定する。輪の中心 O と一端を電気抵抗 R で繋ぎ，O と輪に長さ r の金属棒を接触させて（輪と金属棒の接点を P とする），この金属棒を点 O を中心に一定の角速度 ω で反時計まわりに回転させる。輪や金属棒の電気抵抗は無視できるものとする。

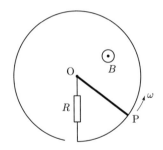

　磁場は，図の裏面から表面の向きに磁束密度の大きさが B で一様とする。このとき，金属棒には起電力が誘導され，電気抵抗に電流が流れる。起電力は $\vec{v} \times \vec{B}$ の線積分により求められるが，速度が一様ではないので，計算はやや手間がかかるので，まずは磁束に注目して起電力を求める。金属棒が単位時間に通過する部分の面積が

$$A = \frac{1}{2} r^2 \omega$$

なので，起電力の大きさは

$$V = BA = \frac{1}{2} r^2 \omega B$$

として求めることができる。起電力の向きは，回転による金属棒の向きと磁束密度の向きの関係より，O→P の向きと分かる。

したがって，電気抵抗には輪の外周から中心の向きに大きさ

$$RI = V \qquad \therefore \quad I = \frac{V}{R} = \frac{r^2\omega B}{2R}$$

の電流が流れる。

念のため，ローレンツ力の効果と
しての評価も行っておく。

図のようにOを原点としてO→
Pの向きにx軸を設定する。位置
xにおいて単位電荷の受けるローレ

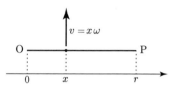

ンツ力は$+x\omega B$であるから，OPに現れる起電力はO→Pの向きに

$$V = \int_0^r x\omega B \, \mathrm{d}x = \frac{1}{2}r^2\omega B$$

となる。これは上の結果と一致する。■

【例 8–4】

xy 平面上での正方形コイル PQRS（1辺の長さa）の現象を考える。空間
には $+z$ 向きに磁場があり，磁束密度は y 方向，z 方向には一様であるが，x
方向には傾斜があり，

$$B(x) = bx \quad (b \text{ は正の一定値})$$

となっている。

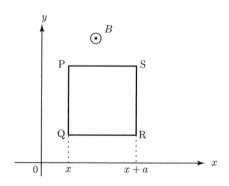

コイルに対して $+x$ 向きに一定の大きさ F の力を加えて，コイルの平行な2辺ずつをそれぞれ x 軸，y 軸と平行を保ちながら移動させる。コイルの移動に伴って，コイルを貫く磁束が時間変化するので，コイルには誘導電流が流れる。コイルは，一定の外力 F の他に磁場からの力も受けることになる。それ以外に，コイルに作用する外力は考えない。

この手の問題（静磁場中で回路が運動することにより誘導起電力が生じる問題）は，以下のような手順で調べる。

① 誘導起電力を求める。

② 回路方程式を書く。

③ 回路の運動についての方程式を書く。

④ ② と ③ の方程式を連立して設問に答える。

① は，磁束に注目する方法でも，ローレンツ力に注目する方法でも構わない。③ は，運動方程式または力のつり合いを書くことになる。

さて，この手順に従って上の例題を解決していく。

まずは，コイルに誘導される起電力を求める。コイルの位置を辺 PQ の x 座標で指定すれば，コイルを貫く磁束は

$$\Phi = \int_x^{x+a} B(z)a \, \mathrm{d}z$$

で与えられる。磁束密度は x 方向には一様でないため，x 軸と垂直に微小分割して計算する必要がある。積分区間を指定する変数として x を用いたので，分割す

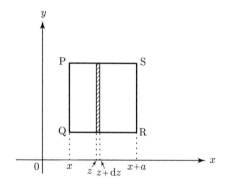

る位置を指定するダミーな変数として z を用いた。

コイルの位置 x は時刻 t の関数であり，

$$\frac{\mathrm{d}x}{\mathrm{d}t} = v \ : \ \text{コイルの速度}$$

となる。

$$\frac{\mathrm{d}\Phi}{\mathrm{d}t} = \frac{\mathrm{d}\Phi}{\mathrm{d}x} \cdot \frac{\mathrm{d}x}{\mathrm{d}t} = \{B(x+a) - B(x)\} \cdot av = ba^2 v$$

なので，$\mathrm{P} \to \mathrm{Q} \to \mathrm{R} \to \mathrm{S} \to \mathrm{P}$ を回路の正の向きとすれば，回路に誘導される起電力は

$$V_\mathrm{e} = -ba^2 v$$

となる。

ローレンツ力の効果として求めると

$$V_\mathrm{e} = \int_{\mathrm{P} \to \mathrm{Q} \to \mathrm{R} \to \mathrm{S} \to \mathrm{P}} \left(\vec{v} \times \vec{B} \right) \cdot \mathrm{d}\vec{r}$$

を計算することになる。

辺 QR と辺 SP の部分の積分は相殺する。辺 PQ の部分では $\vec{v} \times \vec{B}$ は一様に $-y$ 向きに大きさ $vB(x)$ となるので，

$$\int_{\mathrm{P} \to \mathrm{Q}} \left(\vec{v} \times \vec{B} \right) \cdot \mathrm{d}\vec{r} = vB(x)a$$

となる。同様にして，

$$\int_{\mathrm{R} \to \mathrm{S}} \left(\vec{v} \times \vec{B} \right) \cdot \mathrm{d}\vec{r} = -vB(x+a)a$$

なので，

$$V_\mathrm{e} = v \{B(x) - B(x+a)\} a = -vba^2$$

となり，磁束に注目した場合と同じ結論を得る。

したがって，回路方程式は，コイルの全抵抗を R として

$$RI = -ba^2 v \quad \cdots\cdots \text{ⓐ}$$

となる。

コイルに電流が流れると磁場から力を受けるが，辺 QR が受ける力と辺 SP が受ける力は相殺する。よって，辺 PQ, RS が磁場から受ける力を考慮して，コイルの運動方程式は，

$$M\frac{\mathrm{d}v}{\mathrm{d}t} = F + \{-IB(x)a\} + IB(x+a)a$$

すなわち,

$$M\frac{\mathrm{d}v}{\mathrm{d}t} = F + Iba^2 \quad \cdots\cdots ⓑ$$

となる。コイルの質量を M とした。

　ⓐ と ⓑ を連立すれば, このコイルの現象は完全に説明できる。例えば, 十分に時間が経過して $v =$ 一定 となれば,

$$RI = -ba^2 v \quad かつ \quad 0 = F + Iba^2$$

より,

$$I = -\frac{F}{ba^2}, \qquad v = \frac{RF}{(ba^2)^2}$$

となる。■

エネルギーの保存

　【例 8–2】におけるエネルギーの保存は, 回路については,

$$RI^2 = \underline{-vBl \cdot I}$$

力学については,

$$\frac{\mathrm{d}}{\mathrm{d}t}\left(\frac{1}{2}mv^2\right) = \underline{IBl \cdot v} + Fv$$

により記述される。それぞれ, 回路方程式の両辺に I, 運動方程式の両辺に v を乗じることにより得られる。2 つの現象は同時進行なので, エネルギーの保存は併せて論じる必要がある。2 式を辺々加えると, B を含む項が相殺して

$$RI^2 + \frac{\mathrm{d}}{\mathrm{d}t}\left(\frac{1}{2}mv^2\right) = Fv$$

となる。これは, 外力の仕事が, 一部は金属棒の加速に使われ, 残りは抵抗におけるジュール熱として消費され, これだけでエネルギーの保存が完結することを表す。つまり, 磁場はエネルギーの保存には明示的には関わらないのである。

　荷電粒子の運動を考察したときに, ローレンツ力は仕事をしないことを学んだ。これは, 電磁誘導の現象にも妥当するのである。しかし, ローレンツ力が単位キャリアにする仕事として読み取ることにより誘導起電力を求める方法を見た。これとの関係は如何に理解すべきなのか。

　ローレンツ力の効果として起電力を求めるときには，金属棒の運動に基づくキャリアの運動のみを見てローレンツ力を求めた。しかし，キャリアが電流として流れるときに金属棒に沿った速度（伝導速度）ももつ。キャリアは，その速度に対応するローレンツ力も受ける。金属棒全体での，伝導速度に対応するローレンツ力の総和が，磁場から電流の受ける力 IBl であった。上の計算では，磁場による（見かけの）仕事率が回路については $-vBlI$ として現れ，力学については $+IBlv$ として現れ，全体としてのエネルギーの保存を考慮する場面では，この二者が相殺している。

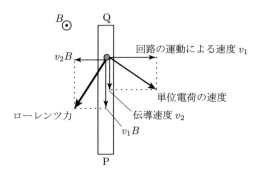

　キャリアの空間に対する運動全体を見ればローレンツ力と速度は直交するので，やはりローレンツ力は仕事をしないのである。磁場は，力学的なエネルギーを電気的なエネルギーに変換することに寄与しているのみである。したがって，同時に進行している現象の全体を見れば，磁場を除いた要素によりエネルギーの保存を論じることができる。

　【例 8–2】の定常状態におけるエネルギーの保存は

$$RI^2 = Fv$$

となるが，これは，抵抗での消費電力と外力の仕事率をそれぞれ直接に求めて比較することにより，その成立を確認することができる。

　一方，【例 8–3】では，金属棒の運動が回転運動なので外力の仕事率を直接に求めるのが難しい（不可能ではないが，剛体の運動を解析する手法が必要になる）。しかし，エネルギーの保存を考えれば，外力の仕事率 P と電気抵抗での消費電力が等しいので，

$$P = RI^2 = \frac{(r^2 \omega B)^2}{4R}$$

と求めることができる。

　ところで，誘導起電力の向きがレンツの法則とは逆向きだったら何が起こるだろう。【例 8–2】の場合の回路方程式は

$$RI = +vBl$$

となり，エネルギーの保存は

$$RI^2 = +vBl \cdot I$$

となる。一方，力学についてのエネルギーの保存は

$$\frac{\mathrm{d}}{\mathrm{d}t}\left(\frac{1}{2}mv^2\right) = IBl \cdot v + Fv$$

のままなので，全体としては，

$$RI^2 + \frac{\mathrm{d}}{\mathrm{d}t}\left(\frac{1}{2}mv^2\right) = 2IBlv + Fv$$

となり，磁場が無限に仕事をできることになってしまう。しかし，これは不合理である。したがって，レンツの法則はエネルギー保存則の現れであると解釈することもできる。

8.4　磁場が時間変化する場合

　磁束の変化速度は，

$$\frac{\mathrm{d}\varPhi}{\mathrm{d}t} = \frac{\mathrm{d}}{\mathrm{d}t}\left(\int_S \vec{B} \cdot \mathrm{d}\vec{S}\right)$$

であるが，磁場自体は時間変化することがなく，磁束の時間変化が回路の運動のみに起因する場合には，磁束を与える積分の積分領域 S が時間変化することになる。これを詳しく解析すると，

$$-\frac{\mathrm{d}}{\mathrm{d}t}\left(\int_S \vec{B} \cdot \mathrm{d}\vec{S}\right) = \int_C \left(\vec{v} \times \vec{B}\right) \cdot \mathrm{d}\vec{r}$$

と変形できることが導かれる（計算はやや難しいので省略する）。

　一方，回路は固定されていて，磁場が時間変化する場合には，積分領域は一定であるが，磁束密度 $\vec{B}$ が時間変化することに基因して磁束が時間変化する。この

場合，ファラデーの電磁誘導の法則は，

$$\int_C \overrightarrow{E_N} \cdot \mathrm{d}\overrightarrow{r} = \int_S \left(-\frac{\partial \overrightarrow{B}}{\partial t}\right) \cdot \mathrm{d}\overrightarrow{S}$$

を満たす電場（起電力を説明する非静電場）$\overrightarrow{E_N}$ が回路 C に誘導されることを示す（これが本来の意味のファラデーの電磁誘導の法則である）。このような電場を**誘導電場**と呼ぶ。

　この誘導電場は，回路の存在には依存せず，空間に誘導されている。この電場は電荷が誘導する電場とは異なり渦状の電場になる。電気力線の描像で捉えれば，ループ状の閉じた力線になる。そのため，回路があれば，起電力として現出する（磁束の時間変化が回路の運動のみに起因する場合は，回路の存在が本質である）。

　つまり，ファラデーの電磁誘導の法則とは，磁場の時間変化により空間に電場が誘導されるという，電場と磁場に関する基本法則である。これを詳細に検討することは高校物理の範囲を遙かに超えてしまうが，磁場の時間変動により電場が誘導されるという事実は知っておく必要がある。

ベータ・トロン

　磁束密度の大きさが B の一様な磁場中で電子（質量 m，電荷 $-e$）が，磁場と垂直な平面内で半径 r の等速円運動をしている。電子の速さを v とすれば，円運動の方程式より，電子の運動量の大きさ p は，

$$m\frac{v^2}{r} = evB \qquad p = eBr \quad \cdots\cdots \text{ⓐ}$$

となる。ⓐを，電子が半径 r の円軌道に沿って運動する条件として採用することができる。

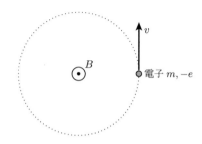

空間の磁場を強くすることを考える。その際，必ずしも磁場の一様性は保たれ

ないが，円軌道の中心軸に関する軸対称性（磁束密度の大きさが中心軸からの距離のみの関数となる）は保つように強くしていく。そのときの磁束密度の大きさを，円軌道の中心軸からの距離 x の関数として $B(x)$ とする。条件 ⓐ は，

$$p = erB(r)$$

と書き直すことになる。

　仮に，円軌道に沿って回路がある場合を想定すると，磁場の時間変化に基づいて回路には誘導起電力が誘導される。この場合の，起電力は磁場の時間変化により誘導された電場の効果であり，回路がなくても電場は現れている。電子はこの電場により加速されることになる。このような原理に基づいて電子を加速する装置をベータ・トロンと呼ぶ。

　磁場は，中心軸に関して軸対称を保ちながら強めているので，電子の軌道上に誘導される電場は軌道の接線方向に一様な大きさ E で現れる。電場の向きは，回路が存在する場合に回路に誘導される起電力の向きと一致するので，電子の速度とは逆向きになる。電子の電荷は負なので，電子が電場から受ける力は速度と同じ向きとなり，電子は

$$\frac{\mathrm{d}p}{\mathrm{d}t} = eE$$

に従って加速される。

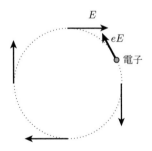

　電場の大きさ E は，回路を想定したときのファラデーの電磁誘導の法則より，

$$E \times 2\pi r = \frac{\mathrm{d}\Phi}{\mathrm{d}t}$$

により与えられる。ここで，Φ は円軌道が囲む円を貫く磁束であり，この円の内部の平均磁束密度を $\overline{B}$ として

$$\Phi = \int_{x=0}^{x=r} B(x) \cdot 2\pi x \mathrm{d}x = \overline{B} \cdot \pi r^2$$

となる。したがって，

$$2\pi r E = \pi r^2 \frac{\mathrm{d}\overline{B}}{\mathrm{d}t} \qquad \therefore \quad E = \frac{1}{2} r \frac{\mathrm{d}\overline{B}}{\mathrm{d}t}$$

であり，

$$\frac{\mathrm{d}p}{\mathrm{d}t} = \frac{1}{2} er \frac{\mathrm{d}\overline{B}}{\mathrm{d}t} \quad \cdots\cdots \text{ⓑ}$$

となる。

一方，加速しても半径 r の円軌道を維持するためには

$$\frac{\mathrm{d}p}{\mathrm{d}t} = er \frac{\mathrm{d}B(r)}{\mathrm{d}t} \quad \cdots\cdots \text{ⓒ}$$

の成立が要求される。

ⓑ と ⓒ が両立するためには

$$\frac{\mathrm{d}B(r)}{\mathrm{d}t} = \frac{1}{2} \frac{\mathrm{d}\overline{B}}{\mathrm{d}t} \qquad \therefore \quad \frac{\mathrm{d}\overline{B}}{\mathrm{d}t} = \frac{\mathrm{d}B(r)}{\mathrm{d}t} \times 2$$

の成立が要求される。つまり，電子の軌道上の磁束密度と比べて，平均磁束密度を 2 倍の速さで強くしていく必要がある。

第9章　自己誘導・相互誘導

ファラデーの法則

$$V_e = -\frac{\mathrm{d}\Phi}{\mathrm{d}t}$$

における磁束 Φ は，回路を貫く全磁束である。外部磁場による磁束のみでなく，その回路に流れる電流が誘導する磁場による磁束も含む。通常の回路の場合には，その効果は非常に小さく無視できるが，回路が何重にも巻かれている部分では，急速にその効果が大きくなり無視できなくなる。そのような部分（素子）をコイルと呼ぶ。

9.1　自己インダクタンス

概念的な議論のために，単純な1巻きの回路（コイル）を考える。

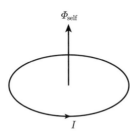

回路には正の向きを定義し，それと右ネジの関係で回路を貫く正の向きを定義しておく。回路に電流 I が流れると，それが誘導する磁場による磁束 Φ_{self} が正の向きに現れる。電流が誘導する磁場は電流に比例するので，この磁束 Φ_{self} も電流 I に比例する。つまり，コイルの形状や大きさで決まる正の一定値 L が存在して

128

$$\Phi_{\text{self}} = LI$$

と表すことができる。このコイルの固有の一定値 L をコイルの**自己インダクタンス**と呼ぶ。自己インダクタンスの単位は Wb/A であるが，これを H（ヘンリー）とする。

電流が時間変化すると，この磁束 Φ_{self} も時間変化し，ファラデーの電磁誘導の法則に従って誘導起電力が現れる。この現象を**自己誘導**，その起電力を**自己誘導起電力**という。

自己インダクタンス L は一定値なので，自己誘導起電力 V_{self} は

$$V_{\text{self}} = -\frac{d\Phi_{\text{self}}}{dt} \qquad \text{i.e.} \quad V_{\text{self}} = -L\frac{dI}{dt}$$

で与えられる。これを自己インダクタンスの定義とする立場もある。この式が示すように，自己誘導起電力は，電流の変化を妨げる向きに誘導される。これは，レンツの法則の現れである。

コイルが一様な向きに N 回巻いてある場合には，巻き数を考慮して，コイルを貫くのべの全磁束を Φ_{self} とする。コイル全体に対して磁束が一様に ϕ_{self} であるとすれば，

$$\Phi_{\text{self}} = N\phi_{\text{self}}$$

である。

コイルが稠密に巻いてある場合には，巻き数を N 倍にすることにより，重ね合わせの原理より電流が誘導する磁場が N 倍となり，1 巻きあたりの磁束 ϕ_{self} も N 倍になる。その結果，のべの全磁束 Φ_{self} は $N \times N = N^2$ 倍となる。したがって，コイルの自己インダクタンスも N^2 倍になる。例えば，1000 巻きにすれば，1 巻きの場合の 1000000 倍である。したがって，多数回巻いた部分では自己インダクタンスが無視できなくなる。

9.2 自己インダクタンスのある回路

コイルを含む（自己インダクタンスが無視できない）回路の特性を調べる。

次図の回路において，はじめスイッチ（図では省略されている）は開いていて，時刻 $t = 0$ にスイッチを閉じたとものする。

回路素子としてのコイルは，記号 ――⁀⁀⁀⁀― で表し，電流 I の向きに起電力 $-L\dfrac{dI}{dt}$

を示す素子として扱う。

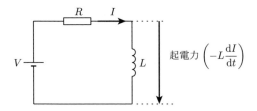

起電力 $\left(-L\dfrac{\mathrm{d}I}{\mathrm{d}t}\right)$

したがって，上の回路方程式は

$$RI = V + \left(-L\frac{\mathrm{d}I}{\mathrm{d}t}\right)$$

となる。理論に電流 I の導関数 $\dfrac{\mathrm{d}I}{\mathrm{d}t}$ が現れるので，I の不連続な変化が禁止される。スイッチを閉じる前は $I = 0$ なので，閉じた直後も $I = 0$ であり，初期条件として

$$I(0) = 0$$

を採用できる。【例 5–3】の計算と同様にして具体的に方程式を解くことができるが，回路方程式を

$$\frac{\mathrm{d}I}{\mathrm{d}t} = \frac{V}{L} - \frac{R}{L}I$$

と変形すれば，定性的に振る舞いの概要を読み取ることができる。$I = 0$ からスタートすれば

$$\frac{\mathrm{d}I}{\mathrm{d}t} = \frac{V}{L}$$

で電流が流れ出すが，I の増加につれて増加速度が減少する。その結果，時間変化のグラフは上に凸の増加曲線となり，下図のようになる。

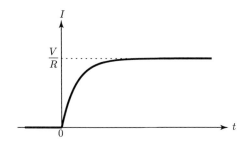

130

最終的には

$$I = 一定 \qquad \therefore \quad \frac{\mathrm{d}I}{\mathrm{d}t} = 0 \qquad \therefore \quad I = \frac{V}{R}$$

となる。なお，具体的に関数を求めれば，

$$I = \frac{V}{R}\left(1 - e^{-\frac{R}{L}t}\right)$$

である。

$L \to 0$ の極限において，I の振る舞いは下図のようになる。

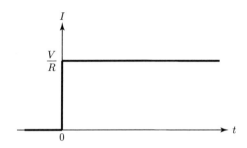

これが，自己インダクタンスを無視した場合の振る舞いである。

9.3 磁気エネルギー

前節の電気回路についてエネルギーの保存を調べる。回路方程式

$$RI = V + \left(-L\frac{\mathrm{d}I}{\mathrm{d}t}\right)$$

の両辺に I を掛けてエネルギーの保存の方程式に書き換えると，

$$RI^2 = IV - L\frac{\mathrm{d}I}{\mathrm{d}t}I$$

となる。ここで，$L\dfrac{\mathrm{d}I}{\mathrm{d}t}I$ の形の数学的な組み合わせは物理でよく現れる形である。これまでも，運動エネルギーやばねの弾性エネルギー，コンデンサーの静電エネルギーが登場した場面で現れた。それを思い出せば分かるように，

$$L\frac{\mathrm{d}I}{\mathrm{d}t}I = \frac{\mathrm{d}}{\mathrm{d}t}\left(\frac{1}{2}LI^2\right)$$

である。したがって，エネルギーの保存は

$$RI^2 + \frac{\mathrm{d}}{\mathrm{d}t}\left(\frac{1}{2}LI^2\right) = IV$$

となる。

　これは，電池の起電力の仕事の一部は抵抗においてジュール熱として消費されるが，残りは

$$U_L = \frac{1}{2}LI^2$$

の形式のエネルギーとしてコイルに蓄えられることを表している。このコイルに蓄えられるエネルギーをコイルの**磁気エネルギー**という。

　コイルを貫く全磁束が

$$\Phi = LI$$

なので，コイルの磁気エネルギーは，

$$U_L = \frac{1}{2}I\Phi = \frac{\Phi^2}{2L}$$

と表すこともできる。

　コイルに流れる電流が不連続に変化できないのは，電流の流れるコイルがエネルギーをもつことが本質的な理由である。力学の衝突現象などを除けば（これも衝突時間を無視する近似を行っている），エネルギーは不連続に変化できない。

　ソレノイドの自己インダクタンスと磁気エネルギーについて調べる。

　ここでは，有限の長さの円筒コイルを考えるが，長さは太さと比べて十分に大きく，内部の磁場を一様と扱えるものとする。

　長さ l，断面積 S の円筒形に稠密で一様な密度（線密度）に導線を N 回巻いたコイルを考える。単位長さあたりの巻き数は

$$n = \frac{N}{l}$$

なので，コイルに大きさ I の電流を流したときのコイル内部の磁場と磁束密度は

$$H = nI = \frac{N}{l}I, \qquad B = \mu_0 H = \frac{\mu_0 N}{l}I$$

となる。コイルが稠密であれば電流が磁束を閉じ込めるので，これはコイル内部で一様と扱える。このとき，コイルの各断面を貫く磁束は

$$\phi = BS = \frac{\mu_0 NS}{l}I$$

であるので，コイルを貫く全磁束は

$$\Phi = N\phi = \frac{\mu_0 N^2 S}{l} I$$

となる。したがって，このコイル（ソレノイド）の自己インダクタンスは，

$$L = \frac{\mu_0 N^2 S}{l}$$

である。

また，このときの磁気エネルギーは，

$$U_L = \frac{1}{2}LI^2 = \frac{\mu_0 N^2 S I^2}{2l} = \frac{1}{2}\mu_0 H^2 \cdot Sl$$

となる。コイル外部の磁場が無視できるとすれば，磁気エネルギーは，

$$u_{\mathrm{m}} = \frac{1}{2}\mu_0 H^2 = \frac{B^2}{2\mu_0}$$

を密度とする磁場のエネルギーと解釈することができる（§4.3参照）。

9.4 相互インダクタンス

2つのコイル1, 2が近接していると，一方のコイルに流れる電流 I_1 が誘導する磁場により，他方のコイルを貫く磁束 Φ_{21} が現れる。I_1 の時間変化は Φ_{21} の時間変化を惹き起こし，電磁誘導の法則に従って起電力が誘導される。この現象を**相互誘導**という。

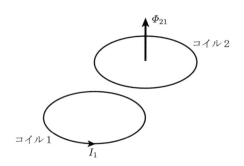

自己誘導と同様に Φ_{21} の大きさは I_1 の大きさに比例し，

$$|\Phi_{21}| = M|I_1|$$

となる定数 $M (> 0)$ が存在する。これは，2 つのコイルの形状・大きさおよび位置関係で決まる一定値であり，立場を入れ替えても同じ定数を用いて，

$$|\Phi_{12}| = M|I_2|$$

と表すことができる（これを相反定理という）。この比例定数 M を 2 つのコイルの間の**相互インダクタンス**と呼ぶ。

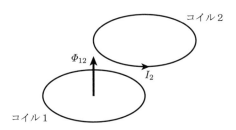

　符号は，2 つの回路の正の向きの定義の相対的な関係に依存するので，自己誘導の場合とは異なり一概には決められない。しかし，2 つのコイルの間では必ず符号が一致し，

$$\Phi_{21} = +MI_1 \quad かつ \quad \Phi_{12} = +MI_2$$

あるいは，

$$\Phi_{21} = -MI_1 \quad かつ \quad \Phi_{12} = -MI_2$$

である。その結果，相互誘導による起電力は，

$$V_{21} = -M\frac{\mathrm{d}I_1}{\mathrm{d}t} \quad かつ \quad V_{12} = -M\frac{\mathrm{d}I_2}{\mathrm{d}t}$$

あるいは，

$$V_{21} = +M\frac{\mathrm{d}I_1}{\mathrm{d}t} \quad かつ \quad V_{12} = +M\frac{\mathrm{d}I_2}{\mathrm{d}t}$$

となる。

　2 つのコイルの自己インダクタンスをそれぞれ L_1, L_2 とすると，一般に

$$M < \sqrt{L_1 L_2}$$

である。

$$M = \sqrt{L_1 L_2}$$

となる理想的な状態を**密結合**という。密結合の場合，2 つのコイルは磁束を共有

している。2つのコイルをピッタリと重ねたような状態であり，入試では密結合の状態を扱うことが多い。

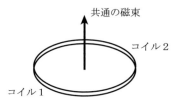

共通の磁束

コイル2

コイル1

　自己誘導は自分自身との相互誘導と見ることができる。自分自身とは当然に磁束を共有していて密結合である。実際，

$$L = \sqrt{L \cdot L}$$

が成立する。また，自己誘導の場合には，磁場を誘導する電流が流れるコイルとしての正の向きと，磁束に貫かれるコイルとしての正の向きは一致するので，磁束と電流の正の向きの関係は当然に右ネジの関係に従い，

$$\Phi_{\text{self}} = +LI$$

となる。

9.5 振動回路

　コイルとコンデンサーを接続した回路を考える。

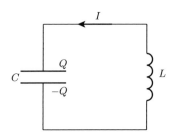

　初期条件は

$$Q(0) = Q_0, \qquad I(0) = 0$$

とする（充電されたコンデンサーとコイルを接続して時刻 $t = 0$ にスイッチを閉じた）。

回路方程式は，

$$\frac{Q}{C} = -L\frac{dI}{dt}$$

であり，電荷保存則（連続方程式）は

$$\frac{dQ}{dt} = I$$

である。2 式より，Q についての方程式

$$\frac{Q}{C} = -L\ddot{Q} \qquad \therefore \quad \ddot{Q} = -\frac{1}{LC}Q$$

を得る。これは，角周波数（角振動数）

$$\omega = \frac{1}{\sqrt{LC}} \qquad \left(\text{周期} = \frac{2\pi}{\omega} = 2\pi\sqrt{LC}\right)$$

の単振動の方程式である。初期条件を考慮して解を求めれば

$$Q = Q_0 \cos\frac{t}{\sqrt{LC}}$$

となる。また，

$$I = \dot{Q} = -\frac{Q_0}{\sqrt{LC}}\sin\frac{t}{\sqrt{LC}}$$

となる。このように電気回路で起きる振動を**電気振動**といい（電気振動では，角振動数を**角周波数**と呼ぶ），また，この回路を**振動回路**という。

コンデンサーもコイルもエネルギーを蓄える装置であり，エネルギー保存則

$$\frac{1}{2}LI^2 + \frac{Q^2}{2C} = \text{一定}$$

が成り立つ。これは，回路方程式の両辺に I を乗じてエネルギーの保存の方程式に書き換えても確認できる（各自で確認してみよう）。

第10章　交流回路

交流電源（起電力が正弦的に振動する電源）により運転される電気回路を調べる。

交流回路も第5章で学んだ手法を用いて分析を行うことができるが，回路方程式が複雑な微分方程式になるため，結論を確認しておくと便利である。

10.1　交流の基礎

交流電源で運転する場合も，電源以外の素子が抵抗のみの場合は，回路方程式を解くのは難しくない。電気抵抗に交流電圧が印加される場合について調べることにより，交流回路固有の概念を理解しよう。

起電力が

$$V = V_0 \sin(\omega t) \tag{10--1--1}$$

で表される交流電源に電気抵抗 R を接続する。

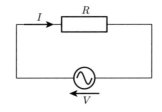

回路方程式は

$$RI = V$$

であるので，抵抗の端子電圧も (10--1--1) である。この場合は，即座に電流を求め

ることができる。すなわち,

$$I = \frac{V}{R} = I_0 \sin(\omega t) \qquad \left(I_0 \equiv \frac{V_0}{R} \right) \tag{10--1--2}$$

であり,電源の起電力（= 端子間電圧）と同位相で正弦的に振動する電流（交流電流）が流れる。

消費電力は

$$P = RI^2 = \frac{V^2}{R} = \frac{V_0{}^2}{2R} \{1 - \cos(2\omega t)\}$$

となり,時刻 t の関数となる。これを**瞬時消費電力**という。実体的な意味をもつのは平均値である。単に平均といった場合には,通常は長時間平均を意味するが,周期関数の場合は 1 周期平均が長時間平均と一致するので,1 周期平均を考える。

P の周期は $T = \dfrac{\pi}{\omega}$ なので,**平均消費電力**は

$$\overline{P} = \frac{1}{T} \int_0^T P \, \mathrm{d}t = \frac{V_0{}^2}{2R}$$

となる。1 周期平均の定義に従って求めるとこのような計算になるが,$\cos(2\omega t)$ の平均が 0 であることを利用して求めてもよい。

さて,

$$\overline{P} = \frac{V_0{}^2}{2R} = \frac{(V_0/\sqrt{2})^2}{R}$$

なので,交流電圧 (10--1--1) を印加することは,直流電圧

$$V_{\mathrm{e}} \equiv \frac{V_0}{\sqrt{2}}$$

を印加することと実体的な効果が等しい。これを交流電圧 (10--1--1) の**実効値（実効電圧）**という。実効値を用いれば

$$\overline{P} = \frac{V_{\mathrm{e}}{}^2}{R}$$

と,直流の場合と同様にして平均消費電力を求めることができる。また,

$$I_{\mathrm{e}} \equiv \frac{I_0}{\sqrt{2}}$$

とすれば,

$$\overline{P} = R I_{\mathrm{e}}{}^2 = I_{\mathrm{e}} V_{\mathrm{e}}$$

であり,I_{e} を交流電流 (10--1--2) の実効値（**実効電流**）という。

　抵抗以外の素子については，必ずしも「実体的な効果」という解釈はできなくなるが，一般に交流電圧，交流電流に対して実効値を

$$実効値 \equiv \frac{最大値（振幅）}{\sqrt{2}}$$

により定義する。

10.2 リアクタンス

　コイルやコンデンサーの端子間に交流電圧が印加されている場合の特性を調べる。

コンデンサー
　電気容量 C のコンデンサーに交流電圧

$$V = V_0 \sin(\omega t)$$

が印加されている場合を考える。

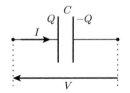

　コンデンサーの帯電量 Q は，電気容量の定義より，

$$Q = CV = CV_0 \sin(\omega t)$$

となるので，電荷保存則（連続方程式）から，電流（形式的に電圧が下がる向きの電流を正とする）は

$$I = \frac{\mathrm{d}Q}{\mathrm{d}t} = \omega C V_0 \cos(\omega t)$$

である。直流回路ではコンデンサーはいずれ静電状態に達して，コンデンサーの極板に流入，または，極板から流出する電流は 0 となるが，交流回路では定常的に交流電流が流れ続ける。

　この場合，コンデンサーの端子間電圧および電流の実効値は，それぞれ

$$V_e = \frac{V_0}{\sqrt{2}}, \qquad I_e = \frac{\omega C V_0}{\sqrt{2}}$$

である。これらに対して

$$Z_C \equiv \frac{V_e}{I_e} = \frac{1}{\omega C}$$

とする。これをコンデンサーの**インピーダンス**という。インピーダンスは，直流回路における電気抵抗の概念を交流回路に拡張したものである。電気抵抗においては $\frac{V_e}{I_e} = \frac{V_0}{I_0} = R$ となっている。

実効値の定義より，

$$\frac{V_e}{I_e} = \frac{V_0}{I_0}$$

なので，インピーダンスの値を覚えておくと，電流の最大値から電圧の最大値，電圧の最大値から電流の最大値を求めることができる。ただし，関数を再現するには位相の関係も調べておく必要がある。電気抵抗の場合には，電圧と電流は同位相の振動であったが，コンデンサーの場合は位相のズレが生じている。

$$I = \omega V_0 \cos(\omega t) = \omega C V_0 \sin\left(\omega t + \frac{\pi}{2}\right)$$

なので，電流の振動は電圧の振動よりも $\frac{\pi}{2}$ だけ進んでいる。

電圧と電流の位相差については，コイルについても調べた後に整理する。

コンデンサーの消費電力を計算してみよう。瞬時値は

$$P = IV = \omega C V_0{}^2 \sin(\omega t) \cos(\omega t) = \frac{\omega C V_0{}^2}{2} \sin(2\omega t)$$

であり，平均消費電力は

$$\overline{P} = 0$$

となる。コンデンサーはエネルギーを蓄える装置であり，交流電流が流れるときは，充電・放電を周期的に繰り返し，静電エネルギーも周期的に増減を繰り返す。そのため，瞬時値としては電力を消費するが（ただし，電力が負で実際にはエネルギーを放出するときもある），抵抗のように外部にエネルギーを排出することはなく，電力の平均値は 0 となる。

平均消費電力が 0 の場合のインピーダンスは，**リアクタンス**（特に，コンデンサーの場合は**容量リアクタンス**）とも呼ぶ。インピーダンスは，電気抵抗（レジ

スタンス）とリアクタンスを併せた概念である。インピーダンスやリアクタンスの単位は，抵抗と共通で Ω（オーム）である。

コイル

自己インダクタンス L のコイルに交流電流

$$I = I_0 \sin(\omega t)$$

が流れている状態を考える。

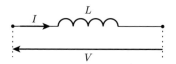

このとき，コイルの端子間電圧（交流回路ではコイルも抵抗に準じて扱うので，形式的に電流の向きの電圧降下として）は，

$$V = +L\frac{\mathrm{d}I}{\mathrm{d}t} = \omega L I_0 \cos(\omega t) = \omega L I_0 \sin\left(\omega t + \frac{\pi}{2}\right)$$

となる。電流の向きの起電力（電位の持ち上げ）は $-L\dfrac{\mathrm{d}I}{\mathrm{d}t}$ であるが，ここでは電流の向きに電位の下がり（電圧降下）として評価したので，符号が逆になっている。

交流回路では，コイルにも定常的に交流電圧がかかり，交流電流が流れるのでインピーダンスとして扱う。電圧，電流の実効値は，それぞれ

$$V_{\mathrm{e}} = \frac{\omega L I_0}{\sqrt{2}}, \qquad I_{\mathrm{e}} = \frac{I_0}{\sqrt{2}}$$

なので，コイルのインピーダンスは，

$$Z_L = \frac{V_{\mathrm{e}}}{I_{\mathrm{e}}} = \omega L$$

である。

消費電力は瞬時値が

$$P = IV = \omega L I_0{}^2 \sin(\omega t)\cos(\omega t) = \frac{\omega L I_0{}^2}{2}\sin(2\omega t)$$

であり，平均値は

$$\overline{P} = 0$$

となる。したがって，コイルのインピーダンスもリアクタンスである。コイルの場合は，特に**誘導リアクタンス**とも呼ぶ。

　上の計算を見ると，コイルの場合は電流に対して電圧の位相が $\frac{\pi}{2}$ だけ進んでいることが分かる。リアクタンスの場合は，電圧と電流の位相差が $\frac{\pi}{2}$ となるが（それが，平均消費電力が 0 となる理由である），進むのか遅れるのかも判断する必要がある。もちろん，それは，電流と電圧のどちらを基準とするのかにより逆向きになる。

　これは，一般に，次のように判断することができる。角周波数 ω が積の形式で現れると位相が $\frac{\pi}{2}$ だけ進み，商の形式で現れる場合には $\frac{\pi}{2}$ だけ遅れる。

　コイルのリアクタンスは ωL なので，電流が

$$I = I_0 \sin(\omega t)$$

のとき，電圧は，位相差を δ として

$$V = \omega L I_0 \sin(\omega t + \delta)$$

となる。ここで，角周波数 ω が積の形で現れたので，$\delta = +\frac{\pi}{2}$ と判断する。

　コンデンサーに

$$I = I_0 \sin(\omega t)$$

の電流が流れる場合には，コンデンサーのリアクタンスは $\frac{1}{\omega C}$ なので，電圧は

$$V = \frac{I_0}{\omega C} \sin(\omega t + \delta)$$

となる。今度は角周波数 ω が商の形で現れたので，$\delta = -\frac{\pi}{2}$ と判断すればよい。上の計算で，コンデンサーの場合には電圧に対して電流の位相差が $\frac{\pi}{2}$ だけ進むことを確認した。これは電流を基準にすれば電圧の位相は $\frac{\pi}{2}$ だけ遅れることを示し，この判断は正しい。

　抵抗のインピーダンスは $Z = R$ であり，角周波数をもたないので位相のズレは生じない。

10.3 インピーダンスの合成

コイル，コンデンサー，抵抗を直列に接続し，交流電源に繋いだ回路を考える（LCR 直列回路）。

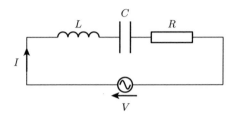

本来は回路方程式を書き（微分方程式になる），初期条件を考慮して解を求めることになるが，定常状態では電源と角周波数が等しい交流電流が流れる。これを前提とすれば，次のように定常解を求めることができる。

電源電圧

$$V = V_0 \sin(\omega t)$$

に対して，電流を

$$I = I_0 \sin(\omega t - \delta)$$

と仮定する。このとき，各素子の端子間電圧は

$$V_L = \omega L I_0 \sin\left(\omega t - \delta + \frac{\pi}{2}\right) = \omega L I_0 \cos(\omega t - \delta)$$

$$V_C = \frac{I_0}{\omega C} \sin\left(\omega t - \delta - \frac{\pi}{2}\right) = -\frac{I_0}{\omega C} \cos(\omega t - \delta)$$

$$V_R = R I_0 \sin(\omega t - \delta)$$

となる。

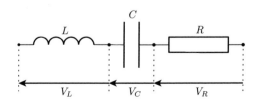

したがって，全体の電圧は

$$V_L + V_C + V_R = RI_0 \sin(\omega t - \delta) + \left(\omega L - \frac{1}{\omega C}\right) I_0 \cos(\omega t - \delta)$$

である。これが電源電圧

$$V = V_0 \sin(\omega t) = V_0 \sin(\omega t - \delta + \delta)$$
$$= V_0 \cos\delta \sin(\omega t - \delta) + V_0 \sin\delta \cos(\omega t - \delta)$$

と等しいので，

$$RI_0 = V_0 \cos\delta \quad かつ \quad \left(\omega L - \frac{1}{\omega C}\right) I_0 = V_0 \sin\delta$$

よって，

$$Z \equiv \sqrt{R^2 + \left(\omega L - \frac{1}{\omega C}\right)^2} \tag{10--3--1}$$

として，

$$I_0 = \frac{V_0}{Z}, \quad \sin\delta = \frac{\omega L - \dfrac{1}{\omega C}}{Z}, \quad \cos\delta = \frac{R}{Z}$$

となる。

(10--3--1) は，LCR を直列に接続した場合の全インピーダンス（**合成インピーダンス**）である。これは結論を暗記しなくても，次のように図式的に再現することができる。

電気抵抗を大きさ R の横向きのベクトル，誘導リアクタンスを大きさ ωL の上向きのベクトル，容量リアクタンスを大きさ $\dfrac{1}{\omega C}$ の下向きのベクトルに対応させる（向きは ω の入り方と対応させる）。

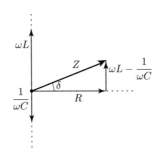

これをベクトルとして合成したときの大きさが合成インピーダンスの大きさ Z

になる。また，ベクトルの偏角が電圧に対する電流の位相の遅れの角に対応する。

複素インピーダンス〈発展〉

インピーダンスを複素数で表示する方法もある。これを複素インピーダンスという。

各素子のインピーダンスの中で角振動数 ω を $j\omega$ に読み換えると複素インピーダンスになる。ここで，j は虚数単位である。電気回路の分野では電流と紛らわしいので，i ではなく j を用いる。L, C, R それぞれの複素インピーダンスは，

$$\widehat{Z}_L = j\omega L, \quad \widehat{Z}_C = \frac{1}{j\omega C}, \quad \widehat{Z}_R = R$$

となる。ここで "^" は「複素」インピーダンスであることを示すために付した。

直列接続の場合は，直流抵抗の合成と同様に複素インピーダンスの代数和を求めれば，これが合成インピーダンスを表す。LCR の直接接続の場合は，

$$\widehat{Z} = j\omega L + \frac{1}{j\omega C} + R = R + j\left(\omega L - \frac{1}{\omega C}\right)$$

となる。これを複素数平面上に図示すると次のようになる。

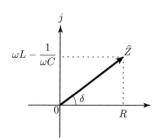

複素インピーダンスの大きさ $|\widehat{Z}|$ がインピーダンス Z，偏角 $\arg Z$ が電圧に対する電流の位相の遅れの角 δ を表す。つまり，

$$Z = |\widehat{Z}| = \sqrt{R^2 + \left(\omega L - \frac{1}{\omega C}\right)^2}, \qquad \tan\delta = \frac{\omega L - \dfrac{1}{\omega C}}{R}$$

となり，上の計算結果と一致する。

ベクトルで表示するにせよ，複素数で表示するにせよ，インピーダンスは抵抗 X とリアクタンス Y の2つの直交成分をもつ。インピーダンス Z と偏角 δ は，そ

れぞれ

$$Z = \sqrt{X^2 + Y^2}, \quad \sin\delta = \frac{Y}{Z}, \quad \cos\delta = \frac{X}{Z}$$

である。電流の実効値を I_e，全体にかかる電圧の実効値を V_e とすると，

$$V_e = Z I_e$$

の関係がある。

　平均消費電力をもつのは抵抗だけなので，

$$\overline{P} = X I_e{}^2 = Z\cos\delta \cdot I_e{}^2 = I_e V_e \cos\delta$$

となる。電流と電圧を実効値を大きさとするベクトル，そのなす角を δ と見ると，平均消費電力はその 2 つのベクトルの内積と対応する。

$$\cos\delta = \frac{X}{Z} = \frac{X}{\sqrt{X^2 + Y^2}}$$

は**力率**と呼ぶ。

　上の LCR 直列回路の場合，

$$I_e = \frac{V_0}{\sqrt{2}Z}$$

なので，平均消費電力は，

$$\overline{P} = R I_e{}^2 = \frac{R V_0{}^2}{2Z^2}$$

となる。

LCR 直列回路の過渡状態 〈発展〉

　上の LCR 直列回路の回路方程式は，

$$L\frac{dI}{dt} + \frac{\int I\,dt}{C} + RI = V_0 \sin(\omega t)$$

である。両辺を t について微分すれば，

$$L\ddot{I} + R\dot{I} + \frac{1}{C}I = \omega V_0 \cos(\omega t)$$

と，I についての 2 階の微分方程式となる。これを解くのは簡単ではない（しかし，理論を学べば一般に解ける）。結論を示すと，上で議論した定常解を I_S，λ の 2 次方程式

$$L\lambda^2 + R\lambda + \frac{1}{C} = 0$$

の解を λ_1, λ_2 として,

$$I = I_\mathrm{S} + I_\mathrm{H} \quad ただし, \ I_\mathrm{H} = Ae^{\lambda_1 t} + Be^{\lambda_2 t}$$

となる。A, B は初期条件から決まる定数である。λ_1, λ_2 の実部は負なので, 十分に時間が経過すれば $I_\mathrm{H} = 0$ となり,

$$I = I_\mathrm{S}$$

である。

10.4 直列共振・並列共振

LCR 直列回路に流れる電流の実効値は

$$I_\mathrm{e} = \frac{V_0}{\sqrt{2}\,\sqrt{R^2 + \left(\omega L - \dfrac{1}{\omega C}\right)^2}}$$

であり, 平均消費電力は

$$\overline{P} = \frac{RV_0{}^2}{2\left\{R^2 + \left(\omega L - \dfrac{1}{\omega C}\right)^2\right\}}$$

である。ω を変数とすると,

$$\omega L - \frac{1}{\omega C} = 0 \qquad \therefore \quad \omega = \frac{1}{\sqrt{LC}} \tag{10-4-1}$$

のときに, 電流の実効値も平均消費電力も最大となる。

(10-4-1) の状態は, 電源の角周波数が回路がもつ固有の角周波数と一致する状態である。この状態を**共振**（特に, LC 回路と電源が直列に接続されているので**直列共振**）という。

次に次ページの図の回路を考える。

LC 回路と電源は並列に接続されている。この場合も (10-4-1) の状態を共振（特に, **並列共振**）という。並列共振の状態では LC 部分の電圧と電源の電圧が同調して振動するため, 抵抗にかかる電圧が 0 となり, 抵抗や電源に流れる電流が 0 となる。その結果, 消費電力も（瞬時も平均も）0 となる。

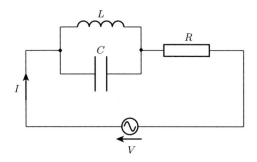

複素インピーダンスを用いた分析〈発展〉

　複素インピーダンスは，並列接続の場合もオーム抵抗と同様の合成公式が使える（ベクトルには逆数は存在しないが，複素数は逆数も複素数となる）。上の並列回路の全複素インピーダンスは，

$$\widehat{Z} = \widehat{Z}_R + \left(\frac{1}{\widehat{Z}_C} + \frac{1}{\widehat{Z}_L} \right)^{-1} = R + j\,\frac{\omega L}{1 - \omega^2 LC}$$

となる。したがって，

$$Z = |\widehat{Z}| = \sqrt{R^2 + \left(\frac{\omega L}{1 - \omega^2 LC} \right)^2} = \frac{\sqrt{R^2(1 - \omega^2 LC)^2 + (\omega L)^2}}{|\,1 - \omega^2 LC\,|}$$

である。よって，回路（抵抗）に流れる実効電流は

$$I_e = \frac{V_0}{\sqrt{2}\,Z} = \frac{|\,1 - \omega^2 LC\,|V_0}{\sqrt{2}\sqrt{R^2(1 - \omega^2 LC)^2 + (\omega L)^2}}$$

となる。ゆえに，

$$I_e = 0 \iff 1 - \omega^2 LC = 0 \iff \omega = \frac{1}{\sqrt{LC}}$$

である。

10.5　変圧器

　共通の鉄心に 2 つのコイルを巻いて，一方のコイルに交流電圧を入力すると，他方のコイルからは大きさが変換された交流電圧が出力される。このような装置を**変圧器（トランス）**と呼ぶ。

　入力側のコイルを 1 次コイル，出力側のコイルを 2 次コイルという。1 次コイ

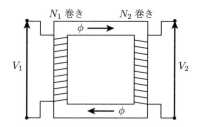

ルと 2 次コイルの巻き数をそれぞれ N_1, N_2 とする。理想的な変圧器では、1 次コイルに入力する交流電圧 V_1 の実効電圧 V_{1e} と 2 次コイルに出力される交流電圧 V_2 の実効電圧 V_{2e} の比は

$$V_{1e} \; : \; V_{2e} = N_1 \; : \; N_2$$

となる。ここで、理想的とは、各コイルの電気抵抗が無視でき、鉄心からの磁束の漏れも無視できることを意味する。これは、変圧器から外部に放出されるエネルギーが無視できることを意味する。

鉄心からの磁束の漏れが無視できるので、鉄心の各断面を貫く磁束は一様である。これを ϕ とすれば、1 次コイル、2 次コイルを貫く全磁束はそれぞれ、

$$\Phi_1 = N_1 \phi, \qquad \Phi_2 = N_2 \phi$$

となる。この磁束の向きに対して右ネジの関係を満たすようにコイルを含む回路の正の向きが定義されていれば(起電力はコイルに沿って誘導されることに注意)、

$$V_1 = -\frac{d\Phi_1}{dt} = -N_1 \frac{d\phi}{dt}$$

$$V_2 = -\frac{d\Phi_2}{dt} = -N_2 \frac{d\phi}{dt}$$

となり、瞬時値に対しても

$$V_1 \; : \; V_2 = N_1 \; : \; N_2$$

が成り立つ。

【例 10–1】

次図のような変圧器を用いた単純な回路を考える。1 次側の電気抵抗は無視できるものとし、2 次コイルに電気抵抗 R を接続する。

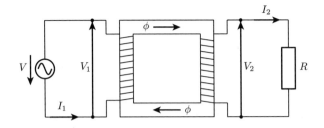

　1 次側回路，2 次側回路に流れる電流を図の矢印の向きに I_1, I_2 とすれば，鉄心内の磁束 ϕ について正の寄与をもつ。正の一定値 k を用いて

$$\phi = k(N_1 I_1 + N_2 I_2)$$

と表すことができると仮定する。このとき，

$$\frac{\mathrm{d}\phi}{\mathrm{d}t} = kN_1\frac{\mathrm{d}I_1}{\mathrm{d}t} + kN_2\frac{\mathrm{d}I_2}{\mathrm{d}t}$$

となるので，

$$V_1 = -kN_1{}^2\frac{\mathrm{d}I_1}{\mathrm{d}t} - kN_1N_2\frac{\mathrm{d}I_2}{\mathrm{d}t}$$
$$V_2 = -kN_1N_2\frac{\mathrm{d}I_1}{\mathrm{d}t} - kN_2{}^2\frac{\mathrm{d}I_2}{\mathrm{d}t} \ \left(= \frac{N_2}{N_1}V_1\right)$$

である。これは，1 次コイル，2 次コイルの自己インダクタンス L_1, L_2，および，1 次コイルと 2 次コイルの間の相互インダクタンス M が，

$$L_1 = kN_1{}^2, \quad L_2 = kN_2{}^2, \quad M = kN_1N_2$$

であることを示す。また，

$$M = \sqrt{L_1 L_2}$$

の関係が成立していて，1 次コイルと 2 次コイルは密結合にあることが分かるが，鉄心内の磁束を一様と仮定しているので当然である。
　1 次側の回路方程式より，

$$0 = V + V_1 \qquad \therefore \quad V_1 = -V$$

となるので，2 次側の回路方程式は，

$$RI_2 = -\frac{N_2}{N_1}V$$

となり，電源の電圧の大きさが $\dfrac{N_2}{N_1}$ 倍に変圧されて 2 次側に出力されることが分かる。

　さて，回路方程式を自己インダクタンスや相互インダクタンスを用いて詳細に書けば，

$$1 \text{次側} : 0 = V + \left(-L_1 \frac{\mathrm{d}I_1}{\mathrm{d}t} - M \frac{\mathrm{d}I_2}{\mathrm{d}t}\right)$$

$$2 \text{次側} : RI_2 = -M \frac{\mathrm{d}I_1}{\mathrm{d}t} - L_2 \frac{\mathrm{d}I_2}{\mathrm{d}t}$$

となる。これをそれぞれエネルギーの保存の方程式に書き換えると（第 1 式には I_1 を第 2 式には I_2 をかける），

$$L_1 \frac{\mathrm{d}I_1}{\mathrm{d}t} I_1 + M \frac{\mathrm{d}I_2}{\mathrm{d}t} I_1 = I_1 V$$

$$RI_2{}^2 + M \frac{\mathrm{d}I_1}{\mathrm{d}t} I_2 + L_2 \frac{\mathrm{d}I_2}{\mathrm{d}t} I_2 = 0$$

となり，辺々加えると

$$RI_2{}^2 + \frac{\mathrm{d}}{\mathrm{d}t}\left(\frac{1}{2}L_1 I_1{}^2 + \frac{1}{2}L_2 I_2{}^2 + M I_1 I_2\right) = I_1 V$$

と纏めることができる。$\dfrac{1}{2}L_1 I_1{}^2$, $\dfrac{1}{2}L_2 I_2{}^2$ は，それぞれ 1 次コイル，2 次コイルの自己誘導による磁気エネルギーであるが，相互誘導がある場合には，その磁気エネルギー $M I_1 I_2$ も現れる。その全体が 2 つのコイルの全磁気エネルギーとなる。つまり，電源の仕事は一部が 2 次側の電気抵抗でジュール熱として消費されるが，残りは磁気エネルギーの変化に使われる。I_1, I_2 は交流電流になり，磁気エネルギーは振動する。その結果，時間平均で見れば，

$$\overline{RI_2{}^2} = \overline{I_1 V}$$

が成立する。■

第11章　マクスウェルの理論と電磁波
〈発展〉

　　これまで学んだ電場についての基本法則には

①　ガウスの法則

②　ファラデーの法則

がある。ガウスの法則は湧き出しの場としての電場（静電場）の法則である。出口（正電荷）と入口（負電荷）をもつ電気力線により表される。ファラデーの法則は渦の場としての電場の法則である。ループ状の電気力線により表現される。そして，その渦を誘導するのは磁束密度の時間変動であった。

　　磁場に関しては，一般的には

③　アンペールの法則

により説明される。磁力線は出口や入口をもたず，必ずループ状の力線となる。つまり，磁場はループ状の力線で表される渦の場であり，アンペールの法則は，その渦を誘導するのが電流であることを示している。磁場が湧き出しの場ではないということは，現実の現象に直接に関わる磁束密度で見るべきである。

④　磁束密度には湧き出しはない

　　これは，自然界には単極の磁荷（N極のみ，あるいは，S極のみをもつ粒子）は観測されないという実験事実の反映である。

　　①～④が，電磁気学の基礎法則であるが，実はこれだけでは電磁気学は完成しなかった。電場の時間変動の効果が反映されていない。

11.1 変位電流の法則

　マクスウェルは，磁場の時間変動が渦状の電場を誘導したのと対照的に，電場の時間変動も電流と同様に渦状の磁場を誘導することを理論的に発見した。これは，電場の時間変動が仮想的な電流として振る舞うことを示していて，それを**変位電流**という。このマクスウェルの発見を**変位電流の法則**と呼ぶ。変位電流の発見は，③のアンペールの法則の修正を意味する。修正後の法則を**マクスウェル–アンペールの法則**と呼ぶ。

　より正確に言うと，変位電流は

$$\vec{D} \equiv \varepsilon_0 \vec{E}$$

により定義される**電束密度**の時間変動 $\dfrac{\partial \vec{D}}{\partial t}$ なので，変位電流を**電束電流**と呼ぶこともある。

11.2 電磁波

　例えば，コンデンサーに交流電流が流れるとき，コンデンサーの極板間の電場（電束密度）は交流振動する。そのため，マクスウェル–アンペールの法則に従って，まわりの空間に磁場を誘導することになる。

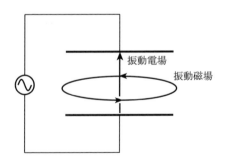

　その磁場は，電場の振動にシンクロして振動することになる。つまり，磁場の時間変動が現れるので，今度はファラデーの法則に従って電場を誘導する。このように，空間の1点に電場（あるいは磁場）の振動が誘起されると，磁場と電場の振動が連鎖的に誘起し合って空間を伝わっていく。詳しく調べると，その電場

と磁場の振動は真空中において方程式

$$\frac{\partial^2 \Psi}{\partial^2 t} = \frac{1}{\varepsilon_0 \mu_0} \left(\frac{\partial^2 \Psi}{\partial^2 x} + \frac{\partial^2 \Psi}{\partial^2 y} + \frac{\partial^2 \Psi}{\partial^2 z} \right)$$

に従い，空間を波として速さ

$$c = \frac{1}{\sqrt{\varepsilon_0 \mu_0}} \tag{11--2--1}$$

で伝わることが分かる。この波を**電磁波**という。ヘルツ（振動数の単位 Hz はヘルツに由来している）は 1887 年に，この電磁波の検出に成功し，マクスウェルの理論が正しいことを実験的に証明した。

　(11--2--1) の値は，当時の光の速さの実測値と一致し（現在では，真空中の光の速さは定義値になっている），光も電磁波の一種の波であることが明らかになった。光は真空の空間（宇宙空間）も走るので，波であることには異論があった。電磁波は，物質の振動ではなく電場や磁場の振動の波なので，真空中でも伝わることが可能である。

　電磁波は，物質の振動の波ではないので，如何なる値の波長の波も可能である（弾性波動の場合は，媒質が連続体と看做せるほどの十分に長い波長の波しか存在しない）。波長の程度ごとにまったく異なる波のように現れ（観測され），概ね下図のように分類される。

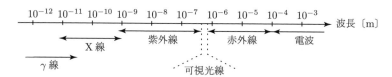

　X 線と γ 線の分類は単純に波長の長短によるのではなく，発生する機構の違いによる（第 VI 部 §4.4 参照）。他の分類も明確な境界が一意的に定まっているわけではない。

　波長がおよそ 380 nm 〜 770 nm の電磁波は人間の目で観測できるので**可視光線**と呼ばれる。日常的には可視光線を「光」と呼んでいる。その意味での光の現象については次の第 V 部で学ぶ。

11.3 電磁波の性質

電磁気学の法則に基づいて電磁波の特徴を読み取るには，ベクトル解析と呼ばれる数学的な手法が必要になる。ここでは，結論のみを紹介しておく。

前述の通り，真空中の電磁波の速さは，真空の誘電率と真空の透磁率を用いて

$$c = \frac{1}{\sqrt{\varepsilon_0 \mu_0}}$$

で与えられる。具体的な数値は 約 3.0×10^8 m/s である。この値は，電磁波の振動数によらない。

電磁波は横波である。また，電場と磁場も直交し，空間の各点，各時刻ごとに，電場，磁場，波が伝わる向きが，この順に右手系をなしている（**電・磁・波**の順）。

電場と磁場の振動の強さは等しい。電場と磁場は次元が異なるので，電場の大きさ（振幅）と磁場の大きさ（振幅）を比較することはできない。振動の強さが等しいとは，電場の振動と磁場の振動により運ばれるエネルギーが等しいということである。電場の振動が伝わる速さと，磁場の振動が伝わる速さは等しいので，これは，電磁波が伝播しているときの電場のエネルギー密度と磁場のエネルギー密度が等しいことを意味する。つまり，

$$\frac{1}{2}\varepsilon_0 E^2 = \frac{1}{2}\mu_0 H^2$$

が成り立つ。また，電場の振動と磁場の振動は同位相である（本来は，方向が異なるので単純に位相の比較はできないが，上で紹介した向きをそれぞれの正の向きとした場合である）。

第 V 部
光波

第1章　空間に広がる波

　光が粒子であるか波であるのかの論争はホイヘンスとニュートンの時代から続いていた。19世紀末には，マクスウェルの電磁気学の理論により電磁波の存在が理論的に予言され，そして，ヘルツにより実験的にも実証された。そして，光が電磁波の一種であることも判明し，古典的には（第VI部参照）この論争には決着がついた。

　第V部では波としての光の現象をメインに学んでいくが，本章では，光も含めた空間的に広がりをもち伝わる波一般の性質について学ぶ。

1.1　波の伝播と波面

　例えば，大きな水槽に水を入れて，その1点を振動させると円形の波紋が広がっていく。

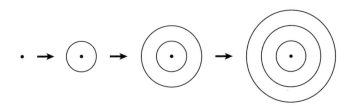

　平面，あるいは，空間に広がりながら伝わる波の場合は，同じ位相をもつ媒質の点が連続的に連なって一定の図形（曲線や曲面，上の例では円）を形成する。これを**同位相面**あるいは**波面**と呼ぶ。

　空間に広がる波の場合に，波面が球面になる波を**球面波**，波面が平面になる波

を**平面波**と呼ぶ。一様な媒質上の点波源から発せられる波は，その点を中心として等方的に一様な速さで振動が伝わるので，点波源を中心とする球面ごとに同位相で振動し，球面波として広がっていく。

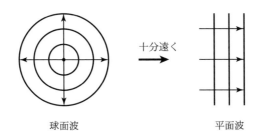

球面波　　　　　　　　　　平面波

　波源から十分に遠くの位置では球面波の一部が観測され，平面波として扱うことができる。

1.2　ホイヘンスの原理

　ホイヘンスの原理は，波面の広がり方に注目して波の伝わり方を説明する。

　　ホイヘンスの原理：空間に広がる波は，ある時刻の波面上の各点を波源とする球面波 (素元波) の重ね合わせとして伝播し，それらの球面の包絡面が次の波面を作る。

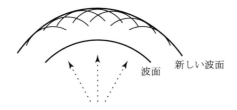

波面　　新しい波面

　球面の包絡面とは，すべての球面に接する曲面である。ホイヘンスの原理より，一様な媒質上に一旦平面波が現れれば，平面波のまま伝わっていくことが分かる。
　平面上の各点を中心として一様な速さで広がる球面波は，すべて等しい半径の球面となり，その包絡面は元の波面の平面と平行な平面となる。この様子を見ると解るように，現実の振動の伝播径路は 2 つの波面を結ぶ最短径路であり，波面

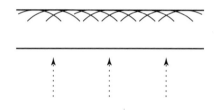

と垂直な径路となっている。一般に，波面と垂直に延長した曲線に沿って振動が伝播し，この曲線が波の進む向きを示している。

屈折の法則・反射の法則

教科書でも紹介されているように，**屈折の法則**や**反射の法則**はホイヘンスの原理に基づいて説明できる。

第 III 部の §3.5 でも学んだように，波は媒質の境界において透過波と反射波とに分岐する。空間的に広がる波の場合には，その際に波が伝わる方向も変化する。

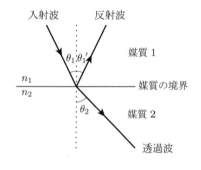

右図のように，媒質1と媒質2の境界面に，媒質1側から波が入射した場合を考える。媒質の境界面の法線と，波の入射方向，反射方向，透過方向のなす角 θ_1, $\theta_1{}'$, θ_2 をそれぞれ**入射角，反射角，屈折角**と呼ぶ。これらの角度は，平面波の場合に，入射波，反射波，透過波の波面がそれぞれ媒質の境界面となす角と一致する。透過波は**屈折波**と呼ぶことが多い。結論を先に述べておくと，まず，反射波については，

$$\theta_1{}' = \theta_1$$

が成り立つ。これを**反射の法則**という。

一方，屈折波については，各媒質中での波の速さを v_1, v_2 として，

$$\frac{\sin\theta_1}{\sin\theta_2} = \frac{v_1}{v_2}$$

が成り立つ。これを**屈折の法則**あるいは**スネルの法則**という。また，$n_{12} \equiv \dfrac{v_1}{v_2}$ を媒質1に対する媒質2の**相対屈折率**と呼ぶ。

屈折の法則をホイヘンスの原理に基づいて導出する。

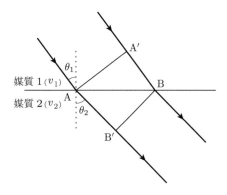

　上図において，AA′ は入射波面，BB′ は屈折波面を表す。屈折波面 BB′ は，入射波が境界面に達した点を中心として速さ v_2 で広がった球面波の包絡面として形成される。媒質 1 内の点 A′ に達している振動が点 B に達するまでの時間を t とすれば，その間に点 A に達している振動は媒質 2 中を同じ時間 t だけ，その点を中心とする球面波として広がる。つまり，その球面の半径は $v_2 t$ となっている。図において，点 B からこの球面（半円）に接線を引き，その接点を点 B′ とする。

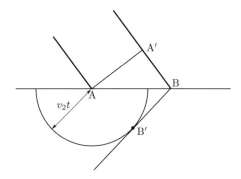

　入射波面 AA′ に達している振動は順次遅れて境界面に達する。その時間は境界面に達する点と点 A との距離に比例するので，媒質 2 中で球面波が広がる時間は点 B からの距離に比例する（したがって，点 B を中心とする球面の半径は 0 である）。したがって，すべての球面が上の接線に接していて，BB′ がすべての球面の包絡面，すなわち，屈折波面となる。

$$\overline{AB'} = v_2 t , \quad \overline{A'B} = v_1 t$$

であり，また，

$$\angle BAA' = \theta_1, \quad \angle ABB' = \theta_2$$

なので，下図を参考にすれば分かるように，

$$(\overline{AB} =) \frac{v_1 t}{\sin \theta_1} = \frac{v_2 t}{\sin \theta_2} \quad \therefore \quad \frac{\sin \theta_1}{\sin \theta_2} = \frac{v_1}{v_2}$$

の関係式を得る。

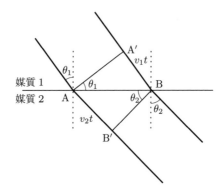

　屈折により振動数は変化しないので（反射によっても変化しない），媒質 1 中での波長を λ_1，媒質 2 中での波長を λ_2 とすれば，

$$\frac{\lambda_1}{\lambda_2} = \frac{v_1}{v_2}$$

の関係も成り立ち，よく教科書等に書いてあるように，

$$\frac{\sin \theta_1}{\sin \theta_2} = \frac{v_1}{v_2} = \frac{\lambda_1}{\lambda_2}$$

の関係が成立することが確認できる。

　上の議論において，仮に $v_2 = v_1$ であれば，

$$\frac{\sin \theta_1}{\sin \theta_2} = 1 \quad \therefore \quad \theta_2 = \theta_1$$

を導く。これが，反射の法則である。反射波は，入射波と同じ媒質を伝わるので，速さが等しい。ただし，図を描くならば，上の図の屈折波に対応する絵を境界面に対して対称移動して描くことになる。

　光の反射の法則と屈折の法則については，§2.2 において，別の法則に基づいた説明を示す。

1.3　回折〈やや発展〉

　波が隙間を通過するときの現象について調べる。隙間をもつ壁があり，壁と垂直に入射した平面波が，隙間の部分以外の波は遮られた場合に，隙間を通過した後の波面の現れ方を考える。

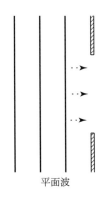

平面波

　ホイヘンスの原理によれば，壁の隙間部分に並ぶ同位相の無数の波源から伝わる波の合成波が，隙間を通過する波を形成する。下左図のように，隙間部分の各点から同じ方向（図の角度 θ で指定する）に伝わった波が壁から十分に遠くで重なり観測されるものと考える。

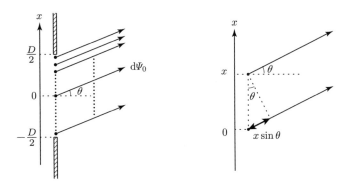

　隙間の区間の位置を指定するために x 軸を設定し，隙間は $-\dfrac{D}{2} \leqq x \leqq \dfrac{D}{2}$ の区間であるとする（隙間の幅を D とした）。隙間を幅 $\mathrm{d}x$ の微小区間に分割し，各区間を点波源と看做す。$x = 0$ の位置の"点波源"から観測点に届いた振動を

$$\mathrm{d}\Psi_0 = a\mathrm{d}x \cdot \sin(\omega t)$$

とすれば，位置 x の"点波源"から観測点に届く振動は，径路差 $x \sin\theta$ に対応する位相差を考慮すれば（$x = 0$ からの波と比べて径路が $x \sin\theta$ だけ<u>短い</u>ので（前右図），その分だけ位相が<u>進んでいる</u>），

$$\mathrm{d}\Psi_x = a\mathrm{d}x \cdot \sin\left(\omega t + x \sin\theta \times \frac{2\pi}{\lambda}\right)$$

となる。λ は波の波長であり，a は，幅 $\mathrm{d}x$ の区間からの波の振幅を表現するための係数である。重ね合わせの原理より，振幅は区間の幅に比例する。

　観測される振動は，重ね合わせの原理より，

$$\Psi(\theta) = \int_{x=-D/2}^{x=D/2} \mathrm{d}\Psi_x = \int_{-D/2}^{D/2} a \sin\left(\omega t + \frac{2\pi x \sin\theta}{\lambda}\right)\,\mathrm{d}x$$

となる。積分は容易に実行できて，$\theta \neq 0$ ならば，

$$\Psi(\theta) = \frac{\lambda a}{2\pi \sin\theta}\left\{\cos\left(\omega t - \frac{\pi D \sin\theta}{\lambda}\right) - \cos\left(\omega t + \frac{\pi D \sin\theta}{\lambda}\right)\right\}$$

となる。さらに，三角関数の公式を用いて整理すれば，

$$\Psi(\theta) = Da \cdot \frac{\sin\left(\dfrac{\pi D \sin\theta}{\lambda}\right)}{\dfrac{\pi D \sin\theta}{\lambda}} \cdot \sin(\omega t)$$

となる。$\theta = 0$ の場合は，

$$\Psi(\theta) = \int_{-D/2}^{D/2} a \sin(\omega t)\,\mathrm{d}x = Da \sin(\omega t)$$

となるので，Da が正面（$\theta = 0$ の方向）に届く波の振幅を表す。角度 $\theta\,(\neq 0)$ の方向に届く波の振幅は

$$Da\left|\frac{\sin\left(\dfrac{\pi D \sin\theta}{\lambda}\right)}{\dfrac{\pi D \sin\theta}{\lambda}}\right|$$

である。波の強度は振幅の 2 乗に比例するから，正面に届く強度（最大の強度となる）を I_0 として，角度 θ の方向に届く波の強度 $I(\theta)$ は

$$I(\theta) = I_0 \left(\frac{\sin \xi}{\xi} \right)^2, \qquad \xi = \frac{\pi D \sin \theta}{\lambda}$$

で与えられる。これをグラフで表すと，$\theta = 0$ の場合も含めて以下のようになる。

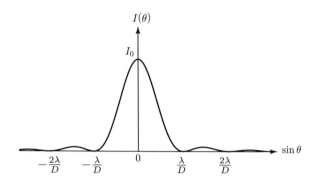

　観測可能なレベルで波が届く方向は，例えば，不等式

$$|\sin \theta| < \frac{\lambda}{2D}$$

により与えられる。$D \gg \lambda$ の場合は $\frac{\lambda}{D} \ll 1$ なので，

$$|\sin \theta| \fallingdotseq 0 \qquad \text{i.e.} \quad \theta \fallingdotseq 0$$

の方向にのみ波が届くことになる。つまり，波長と比べて十分に大きな隙間がある場合は，隙間の正面にしか波は届かない。

　一方，隙間の幅 D が波長と同程度か，あるいは，波長よりも小さい場合には，隙間の正面だけではなく，その陰にも波が回り込むことになる。このような現象を**回折**という。

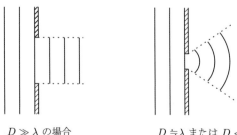

$D \gg \lambda$ の場合　　　　　　$D \fallingdotseq \lambda$ または $D < \lambda$ の場合

　回折波の強度分布を詳細に求めるのは，上のようなやや長い計算が必要になる。しかし，回折強度がゼロとなる条件は，次のような考察から導くこともできる。

　回折波は，隙間の部分に連続的に並ぶ無数の点波源からの波の合成波である。それらが，すべて互いに打ち消し合うペアに組み合わせることができれば，全体としての回折強度もゼロとなる。隙間の部分を m 等分して，さらに，その部分を 2 等分したときに，その部分の一端からの波と中央からの波の位相差が π ならば，この部分の半分ずつが位相差 π の波のペアとなり，全体として完全に打ち消し合う。

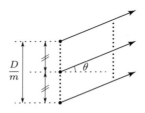

　この条件を式で書けば，$\theta > 0$ のときは

$$D \times \frac{1}{m} \times \frac{1}{2} \times \sin\theta \times \frac{2\pi}{\lambda} = \pi \quad \text{i.e.} \quad D\sin\theta = m\lambda \quad (m = 1, 2, 3, \cdots)$$

となる。m は等分の個数なので，正整数のみを取り得る。

　ここで導かれた条件は，上の詳細な計算の結果と一致する。上の計算によれば，回折強度ゼロの条件は，$\theta > 0$ のとき

$$\sin\left(\frac{\pi D \sin\theta}{\lambda}\right) = 0 \quad \text{i.e.} \quad D\sin\theta = m\lambda \quad (m = 1, 2, 3, \cdots)$$

となり，上の考察の結論と一致する。

1.4　電磁波

　第 IV 部の最終章で紹介したように，マクスウェルの電磁気学の理論は，電場と磁場の振動が空間を波として伝わることを予言した。この波を**電磁波**と呼ぶ。マクスウェルの理論によれば，真空中の電磁波は

$$\frac{\partial^2 \Psi}{\partial^2 t} = \frac{1}{\varepsilon_0 \mu_0}\left(\frac{\partial^2 \Psi}{\partial^2 x} + \frac{\partial^2 \Psi}{\partial^2 y} + \frac{\partial^2 \Psi}{\partial^2 z}\right)$$

なる方程式に従って空間を伝播する。Ψ には電場ベクトルや磁場ベクトルがあてはまるが，両者の振動は連動するので，振動のみに注目する場合にはベクトルであることを表示せず，振動の関数を Ψ で代表して追跡することも多い。電磁波の存在は，ヘルツの実験により実証された。

　電磁波に関して高校物理の理解のために重要な内容について確認しておく。

①　物質の振動の波ではなく真空中でも伝わる，電場と磁場の振動の横波である。

②　真空中での波の速さは，真空の誘電率 ε_0 と真空の透磁率 μ_0 により，

$$c = \frac{1}{\sqrt{\varepsilon_0 \mu_0}}$$

と与えられる。この値は波の振動数によらない普遍定数である。

③　波長により 概(おおむ) ね以下のように分類される（再掲）。

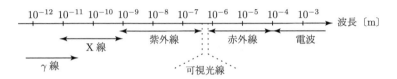

④　波長が約 380 nm ～ 770 nm の電磁波は人間の目に関知され**可視光線**と呼ばれる。

　日常的には可視光線を光と呼ぶことが多い。この意味での光の現象を次章以降で詳しく調べる。その前に，光についての常識的な知識の確認をしておく。

光波

　いわゆる，光（つまり，可視光線）についての常識を整理しておく。

①　光も電磁波の一種なので，電場と磁場の振動の横波である。

②　さまざまな方向の振動が混ざり，波が進む向きと垂直なすべての方向に均等に振動する光を**自然光**という。一方，振動方向に偏りのある光は**偏光**と呼ぶ。

　特に，特定の一方向にのみ振動する偏光を**直線偏光**という。**偏光板**を透過した光は直線偏光となる。その際，偏光の方向を偏光板の軸と呼ぶが，光（の電場ベクトル）が軸方向に正射影されて通過する。

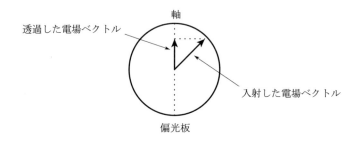

③ 波長はおよそ 380 nm ～ 770 nm であるが，人間は波長の違いを色として
区別する。波長の長い方が赤色，短い方が紫色であり，波長の順に色を並べ
ると虹の色の順番に並ぶ。

	400	500	600	700	800	波長〔nm〕
（紫外線）	紫 青	緑 黄	橙	赤	（赤外線）	

虹の色を6色とか，7色とかと言うが，実際には連続的に無数の色が並んでい
る。人間の目の性能の限界で数色にしか分かれて見えない。

④ 可視光領域のすべての波長を含む光を**白色光**という。

白色光は白色に観測されるが，白色に観測される光が必ずしも白色光では
ない。一方，単一の波長のみの光は**単色光**という。太陽光は白色光であり，
自然光である。

⑤ 真空中での光の速さは波長（振動数）によらず

$$c = \frac{1}{\sqrt{\varepsilon_0 \mu_0}}$$

である。

⑥ 光は透明な物質であれば物質中も伝わるが，その場合も物質が媒質になっ
ているのではない。（この場合に，物質を「光の媒質」と表現する人もある
が，用語の使い方として正しくない。）

物質中での光の速さは，その物質の誘電率 ε と透磁率 μ を用いて

$$v = \frac{1}{\sqrt{\varepsilon \mu}}$$

で与えられる。物質の比誘電率を ε_r ，比透磁率を μ_r （透明な物質では $\mu_r \fallingdotseq 1$）

とすれば，

$$\frac{c}{v} = \sqrt{\varepsilon_r \mu_r} \fallingdotseq \sqrt{\varepsilon_r} > 1$$

なので，物質中の光の速さは真空中よりも小さくなる。

$$n \equiv \frac{c}{v}$$

を，その物質の**屈折率**と呼ぶ。これは，屈折の法則（§2.3）に現れる屈折率（絶対屈折率）と一致する。

⑦　屈折率 n が与えられたとき，物質中での光の速さは

$$v = \frac{c}{n}$$

となる。

⑧　屈折率の値は，可視光領域の光についてはほぼ定数であるが，厳密には振動数に依存して連続的に値が異なる。振動数が大きいほど（波長が短いほど）屈折率は大きくなる。

そのため，プリズムに白色光を入射すると，波長ごとに光が分かれて通過する。虹が観測されるのも同様の原理による。屈折率の値が振動数（波長）ごとに異なり，その結果，物質中では光の速さが振動数（波長）ごとに異なる性質を**分散性**という。また，分散性により光が波長ごとに分離する現象を**分散**という。

分散性がなく，波の速さが振動数（波長）によらず一定となるとき，その性質を非分散性という。真空中の光は非分散性の光である。第 III 部で学んだ弾性波動も非分散性の波として扱った。

第2章　幾何光学

　光も，波長程度の非常に狭い隙間を通過するときには回折が生じる。しかし，光の波長は数百 nm と短いので，通常は回折を起こさない。その場合には**光線**の概念を導入することができる。反射の法則や屈折の法則に基づいて光線の走り方を追跡する分野を**幾何光学**と呼ぶ。

　本章では幾何光学の基本的な考え方と応用を学ぶ。

2.1　光線

　回折が起きないような範囲では，光の振動は特定の径路に沿って伝播する。その伝播径路を**光線**という。光のエネルギーの流れも，この光線に沿って生じる。

　一様な物質中では光線は一方向に直進し，途中で止まったり，後戻りすることはない。また，光線の径路には逆行性がある。すなわち，ある点 A から別の点 B に至る光線の径路を Γ とすると，点 B から点 A に至る光線の径路は同一の Γ である。

　光線が物質の境界にさしかかると，反射光線と屈折光線とに分岐する。入射光線に対する，反射光線と屈折光線の走り方は，反射の法則・屈折の法則に従う。つまり，次ページの図において，物質の境界面に入射角 θ_1 で入射した光線の反射光線の反射角 $\theta_1{}'$ および屈折光線の屈折角 θ_2 は，それぞれ

$$\text{反射の法則：} \quad \theta_1{}' = \theta_1$$
$$\text{屈折の法則：} \quad \frac{\sin\theta_1}{\sin\theta_2} = \frac{v_1}{v_2}$$

を満たす。v_1, v_2 は，それぞれ物質 1，物質 2 中での光の速さである。屈折の法則については，次節で再検討する。

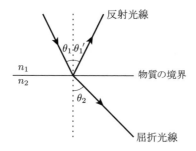

　上に述べた光線の性質や，反射の法則・屈折の法則に従って光線の走り方を追跡する分野が幾何光学である。

　ところで，前章において，反射の法則と屈折の法則は，波面の広がり方に関する法則であるホイヘンスの原理に従って導いた。それを光線の走り方の議論に流用するのは，本来は好ましくない。光線の走り方を説明する一般的な法則は次に紹介するフェルマーの原理である。

2.2　フェルマーの原理 〈参考〉

　　2 点間を光がとおるとき，実現可能性のある径路のうち所要時間が最短の径
　　路が実現する。

この法則をフェルマーの原理という。

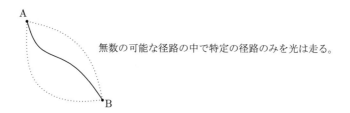

無数の可能な径路の中で特定の径路のみを光は走る。

　上図において，点 A と点 B を結ぶ径路の可能性は無数にある。光は，その中で最短時間の径路を選んで走る。

　真空中，あるいは，一様な物質中では，光の速さは一様なので，所要時間が最短であることは，径路の幾何学的な長さが最短であることを意味する。これにより，前述の直進性が即座に導かれる。また，光の速さは光が進む向きによらない

ので, 光の逆行性も明らかである。

屈折率が一様でない場合には, 光の速さも一様ではないので, 具体的に所要時間を評価して論じる必要がある。光の径路 Γ に沿った微小な長さを $\mathrm{d}s$, その部分の屈折率を n とすれば, 径路 Γ に沿って光が走るのに要する時間 T は

$$T = \int_{\Gamma} \frac{\mathrm{d}s}{\frac{c}{n}} = \int_{\Gamma} \frac{n\,\mathrm{d}s}{c}$$

で与えられる。

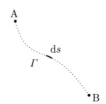

ここで, c は真空中の光速であり普遍定数なので,

$$L \equiv \int_{\Gamma} n\,\mathrm{d}s$$

とすれば,

$$T = \frac{1}{c} \int_{\Gamma} n\,\mathrm{d}s = \frac{L}{c}$$

となる。L を径路 Γ の**光路**（**長**）と呼ぶ。物質中では光の速さが遅くなるので, 光路は, それを勘案して評価した, 径路 Γ の光に対する相対的な距離を意味する。

このように光路を導入しておけば,

$$\text{所要時間が最短} \iff \text{光路が最短}$$

である。

2.3 屈折の法則

フェルマーの原理によれば, 反射の法則は, ほぼ明らかであろう。各自で作図をして考えてみよう。ここでは, フェルマーの原理に基づいて, 屈折の法則を導く。

物質 1 内の点 A から発せられた光線が, 物質の境界上の点 C で屈折し, 物質 2 内の点 B に達したとする。次図のように各値を設定する。A → C → B の径路

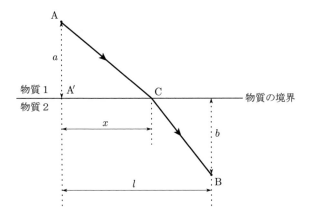

（各物質中では前述の通り直進する）の光路長は，物質 1 の屈折率を n_1，物質 2 の屈折率を n_2 として，

$$L = n_1 \cdot \overline{\text{AC}} + n_2 \cdot \overline{\text{CB}}$$

である。$x = \overline{\text{A}'\text{C}}$ とおくと，

$$\overline{\text{AC}} = \sqrt{x^2 + a^2}, \qquad \overline{\text{CB}} = \sqrt{(l-x)^2 + b^2}$$

なので，L を x の関数として

$$L = n_1\sqrt{x^2 + a^2} + n_2\sqrt{(l-x)^2 + b^2}$$

と与えることができる。L の最小を議論するので，$0 \leqq x \leqq l$ の範囲で考えれば十分である。さて，

$$\frac{\mathrm{d}L}{\mathrm{d}x} = \frac{n_1 x}{\sqrt{x^2 + a^2}} - \frac{n_2(l-x)}{\sqrt{(l-x)^2 + b^2}} = n_1 \sin\theta_1 - n_2 \sin\theta_2$$

であり，L が最小のとき極小でもあるので，L が最小となる条件として

$$\frac{\mathrm{d}L}{\mathrm{d}x} = 0 \qquad \therefore \quad n_1 \sin\theta_1 = n_2 \sin\theta_2 \tag{2-3-1}$$

が導かれる（このとき，実際に最小となることも確認できる）。これは，フェルマーの原理に従う屈折径路が，屈折の法則を満たすことを示している。実際，(2-3-1) 式は，

$$\frac{\sin\theta_1}{\sin\theta_2} = \frac{n_2}{n_1} = \frac{\dfrac{c}{v_2}}{\dfrac{c}{v_1}} = \frac{v_1}{v_2}$$

と変形できる。

ところで，教科書などでは，光についての屈折の法則を

$$\frac{\sin\theta_1}{\sin\theta_2} = \frac{\lambda_1}{\lambda_2} = \frac{v_1}{v_2} = \frac{n_2}{n_1}$$

と紹介していることがあるが，これでは何が法則なのかが曖昧である。

$$\frac{\lambda_1}{\lambda_2} = \frac{v_1}{v_2}$$

の関係は，屈折による振動数の不変性を述べている。また，

$$\frac{v_1}{v_2} = \frac{n_2}{n_1}$$

は，屈折率の定義より自明な関係である。光の屈折の法則の本質は (2–3–1) 式にある。そこで，屈折の法則は，

$$n_1\sin\theta_1 = n_2\sin\theta_2 \quad (n\sin\theta = 一定)$$

という保存則形式で理解しておけば覚えやすいし，運用しやすい。

なお，

$$n_{12} \equiv \frac{n_2}{n_1}$$

は物質 1 に対する物質 2 の相対屈折率である。これに対して，

$$n \equiv \frac{c}{v}$$

により定義された屈折率を**絶対屈折率**と呼ぶこともある。定義より，真空の屈折率は 1 なので，絶対屈折率は，いわば真空に対する相対屈折率である。

$$n_1\sin\theta_1 = n_2\sin\theta_2 \iff \sin\theta_1 = n_{12}\sin\theta_2$$

なので，相対屈折率が与えられている場合も，その基準の物質の屈折率を 1 とすれば，(2–3–1) 式の形式で屈折の法則の式を書くことができる。

全反射

光が物質の境界において 100 ％反射する（**全反射**という）条件を調べる。光に対しては，固定端とか自由端という概念は存在しない。しかし，屈折光が現れ得ない状況があり，このときは全反射となる。

次図の屈折において，屈折角 θ_2 は屈折の法則より，

$$n_1 \sin \theta_1 = n_2 \sin \theta_2$$

$$\therefore \quad \sin \theta_2 = \frac{n_1}{n_2} \sin \theta_1$$

で与えられる。ところで，正弦関数は 1 を
超える値は取れないので，

$$\frac{n_1}{n_2} \sin \theta_1 > 1 \qquad (2\text{--}3\text{--}2)$$

の場合は，屈折の法則を満たす屈折角 θ_2 が存在しない。これは，屈折光自体が存在しないことを意味し，全反射となる。(2–3–2) の状況が生じるためには，

$$\frac{n_1}{n_2} > 1 \quad \text{i.e.} \quad n_1 > n_2$$

であることが必要であり，さらに，入射角 θ_1 がある程度大きい場合に実現する。つまり，屈折率の大きな物質から屈折率の小さな物質に光が出ていく境界（例えば，水から空気）において，入射角が十分に大きい場合に全反射となる。その限界の入射角 θ_C は，

$$\frac{n_1}{n_2} \sin \theta_C = 1$$

で与えられ，この角度 θ_C を全反射の**臨界角**という。臨界角は，形式的には屈折角が 90° となる条件から求めることができる。

【例 2–1】

水中の物体を水の外側から見る場合を考える。

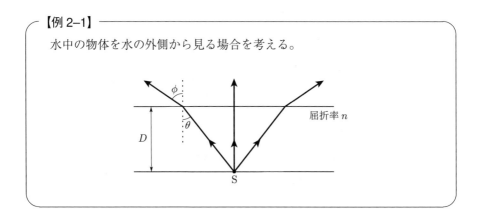

深さ D の水があり，その底に点光源 S がある。点光源からはさまざまな方向に光線が出て，その光線は水と空気の境界面で屈折して空気中に出て来る。空気に

対する水の相対屈折率を n とする。

境界面への入射角を θ，屈折角を ϕ とすれば，屈折の法則より

$$n \sin \theta = \sin \phi$$

である。

光源の真上付近から観測する場合，入射角 θ が小さい角度の光線のみを観測することになる（目のレンズに入射する）。

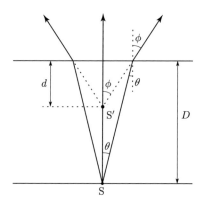

このとき，$|\theta| \ll 1$, $|\phi| \ll 1$ として

$$\sin \theta \approx \tan \theta, \qquad \sin \phi \approx \tan \phi$$

と近似できるので，屈折の法則は，

$$n \tan \theta = \tan \phi \qquad \therefore \quad \frac{\tan \theta}{\tan \phi} = \frac{1}{n}$$

と表せる。よって，屈折光線を後ろ向きに延長すると，水面からの深さ d が

$$d \tan \phi = D \tan \theta \qquad \therefore \quad d = \frac{\tan \theta}{\tan \phi} D = \frac{D}{n}$$

の定点 S′ を通る。したがって，目にはこの点 S′ の位置に光源が見えることになる。$n > 1$ なので，現実の位置よりも浅い位置に浮き上がって見える。

一方，

$$n \sin \theta_0 = \sin 90° \qquad \therefore \quad \sin \theta_0 = \frac{1}{n}$$

を満たす角度を臨界角として全反射になるので，光源 S の真上の点を中心として，半径

$$r = D \tan \theta_0 = \frac{D}{\sqrt{n^2 - 1}}$$

の不透明な円板を浮かべると，水の外からは光源 S が見えなくなる。■

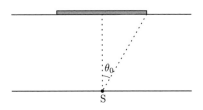

2.4　レンズ

　屈折の法則の応用として球面レンズについて調べる。球面レンズとは，2 つの球面を境界面とする透明物質からなる装置である。物質の屈折率は一様とする。

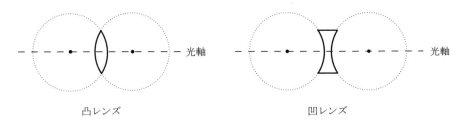

凸レンズ　　　　　　　　　　　　　凹レンズ

2 つの球面の中心を通る直線をレンズの**光軸**と呼ぶ。レンズは光軸に関して対称である。

　上図のように，球面がレンズの内部から見て凸か凹かにより，**凸レンズ**，**凹レンズ**と区別する。

　凸レンズに，光軸と垂直な平面波（光軸と平行で位相の揃った平行光線の束）を入射すると，レンズを通過した光線は光軸上の 1 点で会する。この点をレンズの**焦点**と呼ぶ。また，レンズから焦点までの距離 f を**焦点距離**という。この際，レンズは十分に薄く厚さは無視できるものとする（したがって，レンズは平らな面と考えてよく，これをレンズ面と呼ぶことにする）。

　レンズには裏表はなく，反対側から平行光線を入射した場合も同じ距離の位置に収斂する。つまり，レンズはレンズ面と対称な位置に 2 つの焦点をもつ。また，

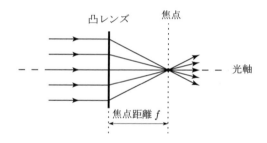

レンズに入射した光線が収斂する点を**像**と呼ぶ。

　凹レンズの場合は，現実の像を結ばないが，レンズを通過した後の光線を後ろ向きに延長すると，光軸上の1点で会する。この点が凹レンズの焦点である。凹レンズもレンズ面と対称に2つの焦点をもつ。

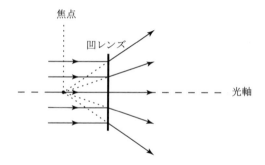

　また，光線を後ろ向きに延長して収斂する点も像と呼ぶが，特に，**虚像**という。これに対して，レンズを通過後に現実に収斂する点は**実像**と呼ぶ。

　再び，焦点距離 f の凸レンズを考える。

　光軸上のレンズ面から距離 a の位置に点光源を置く。点光源からは位相の揃った光線が光源を中心に全方向に走る。その一部はレンズを通過して方向を変える。

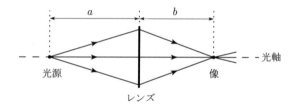

そして，光軸上の 1 点に収斂する。つまり，像を結ぶ。

　この像とレンズの距離を b とすると，

$$\frac{1}{a} + \frac{1}{b} = \frac{1}{f} \tag{2-4-1}$$

の関係が成立する。これを**レンズの公式**と呼ぶ。

　レンズの公式の成立は屈折の法則から説明できる。

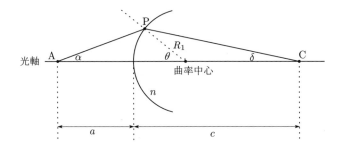

　上図のように，半径 R_1 の球面を境界とする屈折率 n の物質に，光軸上の点 A から出た光線が屈折により点 C に届いたとする。屈折の法則より，

$$1 \cdot \sin(\alpha + \theta) = n \sin(\theta - \delta)$$

が成り立ち，また，図中の点 P と光軸の距離を考えることにより，

$$a \tan \alpha = c \tan \delta = R_1 \tan \theta$$

が成立することがわかる。ここで，$|\alpha| \ll 1$，$|\delta| \ll 1$，$|\theta| \ll 1$ として，$\sin \theta \approx \tan \theta \approx \theta$ などと近似すれば，

$$1 \cdot (\alpha + \theta) = n(\theta - \delta), \qquad a \cdot \alpha = c \cdot \delta = R_1 \cdot \theta$$

$$\therefore \quad \frac{1}{a} + \frac{n}{c} = \frac{n-1}{R_1} \tag{2-4-2}$$

この光線が次図の半径 R_2 の球面の境界から出て，光軸上の点 B に達したとすると，(2-4-2) において

$$a \to (-c), \quad c \to b, \quad n \to \frac{1}{n}, \quad R_1 \to (-R_2)$$

と読み替えた関係式が成り立つ。

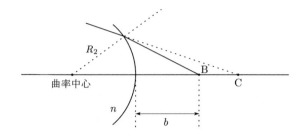

$$\frac{1}{(-c)} + \frac{\dfrac{1}{n}}{b} = \frac{\dfrac{1}{n} - 1}{(-R_2)} \qquad \therefore \quad \frac{1}{b} - \frac{n}{c} = \frac{n-1}{R_2} \tag{2-4-3}$$

(2–4–2) と (2–4–3) を辺々加えると，レンズについて

$$\frac{1}{a} + \frac{1}{b} = (n-1)\left(\frac{1}{R_1} + \frac{1}{R_2}\right)$$

の関係が成り立つことが分かる。つまり，

$$\frac{1}{f} \equiv (n-1)\left(\frac{1}{R_1} + \frac{1}{R_2}\right)$$

とすれば，f はレンズに固有の一定値（レンズの焦点距離になる）であり，これに対して (2–4–1) 式が成立する。

　屈折の法則に基づいてレンズの公式（(2–4–1) 式）

$$\frac{1}{a} + \frac{1}{b} = \frac{1}{f}$$

を導出できた。屈折の法則を満たす光線はフェルマーの原理も満たすので，レンズ前方の距離 a の位置の点光源から発せられた光線はすべてレンズを通過する所要時間が最短の同じ径路を通過して，つまり，すべて等しい時間でレンズ後方の距離 b の位置に届く。したがって，像を結ぶ光線はすべて位相が揃っていて強め合うことになる。

　光線の径路には逆行性があるので，図においてレンズの右側に距離 b の位置に点光源を置けば，レンズの左側で (2–4–1) 式を満たす距離 a の位置に像を結ぶ。つまり，レンズには裏表はなく，同じ公式に従う。

　(2–4–1) 式において，

$$a \to \infty \text{ のとき } b \to f, \qquad b \to \infty \text{ のとき } a \to f$$

なので，レンズは距離 f の位置に 2 つの焦点をもつことも確認できる。

レンズの公式 (2–4–1) は，光軸とのなす角が十分に小さい光線（**近軸光線**と呼ぶ）に対して成立するので，光源が光軸上にあることは必須ではなく，光軸に十分近い位置の点光源に対して成立する。

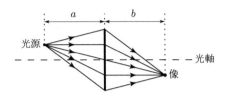

像の位置は次のように作図により求めることができる。

光線の走り方は光源の位置ではなくレンズ面への入射の仕方で決まるので，光軸と平行にレンズに入射した光線は，レンズの後方の焦点を通過する（図の光線 p）。また，レンズの前方の焦点を通過してレンズに入射した光線は，レンズの通過後は光線の逆行性より光軸と平行に走る（光線 q）。この 2 つの光線の交点がレンズによる像である。

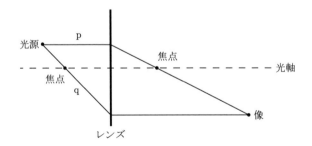

このとき，大きさのある物体の像の倍率（長さの比）は $\dfrac{b}{a}$ 倍となることが幾何学的な考察から導かれる。そして，レンズの中心（レンズ面と光軸の交点）に入射する光線も，レンズの通過後に像の位置に向かうことを前提とすれば，レンズの中心を通る光線は直進することが分

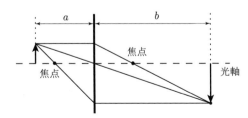

かる。

凸レンズのレンズの公式

$$\frac{1}{a} + \frac{1}{b} = \frac{1}{f}$$

において，$a < f$ の場合は $b < 0$ となる。これは，レンズの前方の距離 $(-b)$ の位置に虚像を結ぶことを意味する（上のレンズの公式の導出過程で，これに対応する状況を考察すれば分かる）。

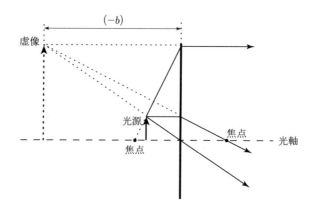

また，レンズがない場合に点 P に集光するような光線をレンズに入射した場合は，下図のように a をとれば，やはりレンズの公式が有効である。

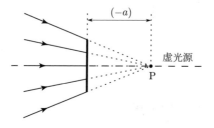

この場合の，点 P をレンズに対する**虚光源**と呼ぶ。

以上をまとめると，a, b を距離ではなく次図のような向きに正の向きを定義した座標と扱えば，虚像や虚光源の場合に対しても統一的にレンズの公式が有効となる。

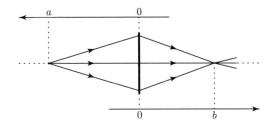

　$a > 0$ の場合は実光源，$a < 0$ の場合は虚光源と対応し，$b > 0$ の場合は実像，$b < 0$ の場合は虚像を表す。さらに，凹レンズに対しては f に負号を付ければ（$f < 0$ であり，$|f|$ が焦点距離となる），やはり，レンズの公式が有効である。

　つまり，a, b, f を負号付きの量として扱い，負号の意味を上述のように解釈すれば，レンズの公式

$$\frac{1}{a} + \frac{1}{b} = \frac{1}{f}$$

は，万能な公式となる。

凹面鏡

　放物線を軸のまわりに回転して作った曲面（回転放物面）の鏡に，軸と平行な光線を入射すると放物線の焦点に会する。これは有名な事実であり，数学でも学んでいるだろう。球面の鏡も，中心角が十分に小さい場合は同様の効果を得ることができる。

　半径 R の球面の一部からなる鏡に，球の中心を通る直線（軸）上の点 A にある点光源からの光が鏡で反射して，軸上の点 B を通過した場合を考える。

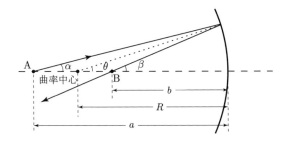

　図のように，距離や角度を設定すれば，幾何学的な関係

$$a \tan \alpha = b \tan \beta = R \tan \theta$$

が成り立つ。また，反射の法則より，

$$\theta - \alpha = \beta - \theta \qquad \therefore \quad \alpha + \beta = 2\theta$$

である。$|\alpha| \ll 1$, $|\beta| \ll 1$, $|\theta| \ll 1$ として，レンズの公式を導いた場合と同様の近似を行えば，

$$\frac{1}{a} + \frac{1}{b} = \frac{2}{R}$$

の関係式を得る。この関係は，近似が有効な範囲では，光線が鏡に入射した位置によらずに成立するので，この鏡は

$$f = \frac{R}{2}$$

を焦点距離とするレンズのように機能する。

第3章 光波の干渉

光波の入試問題では干渉に関する問題の出題頻度が高い。光が粒子か波動かという論争があった時代に，波動論を支える論拠のひとつが，光の干渉が観測されることであり，さまざまな干渉実験が工夫された。

3.1 干渉理論 〈やや発展〉

波の干渉については第 III 部の §3.2 で学んだ。基本的な考え方は，そのときに学んだ内容が妥当するが，光波特有の注意点もある。復習も兼ねて，干渉の基本的な考え方を確認する。

振動数の等しい（波長の等しい）2 つの波 Ψ_1, Ψ_2 が同じ点に届き重なるとき，観測される波は重ね合わせの原理より，

$$\Psi = \Psi_1 + \Psi_2$$

である。

$$\Psi_1 = A_1 \sin(\omega t)$$
$$\Psi_2 = A_2 \sin(\omega t + \delta)$$

とする。A_1, A_2 は各振動の振幅であり，δ が位相差である。このとき，干渉条件は，

強干渉：$\delta = \pi \times$ 偶数， 弱干渉：$\delta = \pi \times$ 奇数

であった。位相差 δ が一定であることが干渉が観測される本質である。

音波などの力学的に発生できる波の場合には，異なる波源からの波であっても

位相差の一定性を保つことができるが，光の場合には異なる光源から位相を揃えて，あるいは，位相差を一定に保って発光させることは不可能である。これは発光のメカニズムに基因する。発光のメカニズムは第 VI 部で少し学ぶ。

　光の干渉を観測するためには同じ点光源（原子）から発せられた光を，わずかに異なる径路（道のり）を走らせた後に合成して観測する必要がある。同じ光源から発せられた光も，位相が連続するのは波長の十数倍から数十倍程度の短い距離である。そのため，径路差が大きすぎると干渉しなくなる。（ただし，現代ではレーザー光源を用いることにより，これは解決できる。）

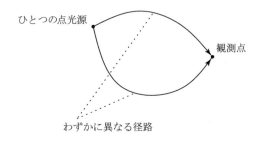

　そのため，歴史的に，光の干渉を観測するためのさまざまな装置が考案された。その具体例については次節で見ていくことになる。

　干渉の原理について，第 III 部とは異なる視点から検討してみる。光波の関数 Ψ は具体的には電磁波としての電場や磁場の振動である。人間が観測するのは，その振動そのものではなく，振動数の違いは色として感知し，エネルギーの大きさを明るさとして観測する。干渉で論ずるのは干渉光の明るさである。

　光波の運ぶエネルギーは Ψ^2 に比例するが，この振動数は極めて高周波（10^{15} Hz 程度）であり，時刻の関数としては観測できない。実際に人間が観測する明るさは，その時間平均 $\langle \Psi^2 \rangle$ に比例する。

$$\langle \Psi^2 \rangle = \langle (\Psi_1 + \Psi_2)^2 \rangle = \langle \Psi_1{}^2 \rangle + \langle \Psi_2{}^2 \rangle + \langle 2\Psi_1\Psi_2 \rangle$$

であり，$\langle \Psi_1{}^2 \rangle + \langle \Psi_2{}^2 \rangle$ は 2 つの光の明るさの和に相当する。$\langle 2\Psi_1\Psi_2 \rangle$ が干渉の効果を表す（「干渉項」と呼ぶことにする）。

$$\langle 2\Psi_1\Psi_2 \rangle = A_1 A_2 \{ \langle \cos(\delta) \rangle - \langle \cos(2\omega t + \delta) \rangle \}$$

であるが，0 を中心に振動する $\cos(2\omega t + \delta)$ の平均は 0 となるので，結局，干渉

項は,

$$\langle 2\Psi_1\Psi_2 \rangle = A_1 A_2 \langle \cos(\delta) \rangle$$

となる。

異なる光源からの光の場合は，位相差 δ が激しくランダムに変化するため

$$\langle \cos(\delta) \rangle = 0$$

となり，干渉の効果は現れない。この場合は明るさが加算されて観測される。

位相差 δ の一定性が保たれていれば（「可干渉な光」という），干渉項は

$$\langle 2\Psi_1\Psi_2 \rangle = A_1 A_2 \cos(\delta)$$

として残る。その結果，干渉条件は前述の通りに判定できる。

位相差の要因

そうすると，光の干渉に関する問題の解決は，合成される光波の観測点における位相差を求めることに帰着される。そのためには，元の光源から何処まで同じ経路（道のりだけでなく，反射なども含めて）を辿り（位相の基準点を確定する），そこから如何に異なる経路を走り，どれだけの位相差を生じたのかを追跡することが必要である。

位相差は，位相の基準点から観測点までの間の位相変化の差である。位相変化の要因としては，次の 2 つがある。

① 径路を走る

② 反射

径路の長さ l を位相変化に換算するには係数 $\dfrac{2\pi}{\lambda}$ を掛ければよいが，波長 λ を現実に径路が実現した物質内での波長にしなければならない。あるいは，径路長を光路長に読み換えておけば，常に真空中での波長を用いることができる。

つまり，真空中での波長が λ_0 で，屈折率が n の場合，長さ l の径路に対応する位相変化は，物質中での波長 $\lambda = \dfrac{\lambda_0}{n}$ を用いて

$$\delta = l \times \dfrac{2\pi}{\lambda}$$

と求めるか，径路長を光路長 $L = nl$ に換算して

$$\delta = L \times \frac{2\pi}{\lambda_0}$$

とする。

　弾性波動の反射では，固定端反射か自由端反射かにより位相変化が生じたり生じなかったりした。光の場合には，固定端とか自由端という概念は存在しないが，やはり，位相変化を生じる反射と生じない反射とがある。理由の説明は難しいので，結論のみを示しておく。

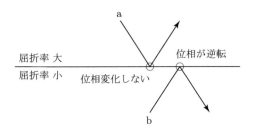

　aのように屈折率が大きな物質から小さな物質に入射する境界での反射では位相変化を生じないが，bのように屈折率が小さな物質から大きな物質に入射する境界では位相が逆転する。位相が逆転するとは形式的には位相変化πを生じると扱えばよい。πの位相変化は足しても引いても意味は変わらない。

　干渉条件を光路差で判断する考え方もあるが，反射の効果も斟酌（しんしゃく）する必要があるので，位相差に注目する方が議論が明確になる。

3.2　干渉実験

　代表的な干渉実験には，スリットを利用したものと，物質の表面で反射光と透過光に分岐することを利用したものとがある。また，特殊な実験としてマイケルの干渉実験も重要である。

ヤングの実験

　1805年頃にヤングにより行われた，二重スリットを用いた干渉実験である。

　Lは波長λの単色光源，S_0 は単スリットで，その正面に二重スリット S_1, S_2 がある。S_0 から，S_1 と S_2 までの距離は等しい。S_1 と S_2 の間隔は d である。S_1, S_2 のあるスリット面と平行に十分な距離 l を隔ててスクリーンがある。

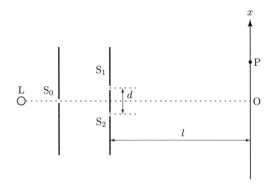

　現実の光源は無数の点光源の集合であり，それぞれバラバラの位相の光を発している。特定の位相の光のみが S_1 と S_2 に届くようにするために，S_0 により光を絞る。S_1, S_2 に対して S_0 が仮想的な 1 つの点光源として機能する。$\overline{S_0 S_1} = \overline{S_0 S_2}$ なので，S_1 と S_2 には同位相の光が届く。スクリーンに対しては，S_1 と S_2 が仮想的な同位相の 2 つの点光源としてはたらく。S_1 と S_2 により，光は回折して重なってスクリーンに届く。スクリーン上の点 P では，S_1 と S_2 からの径路差に基づく一定の位相差で合成され干渉する。

　$\Delta l \equiv \overline{S_2 P} - \overline{S_1 P}$ とすれば，位相差は

$$\delta = \Delta l \times \frac{2\pi}{\lambda}$$

である。スクリーンの中央（S_1 と S_2 から等距離の点 O）を原点として x 軸を設定し，P の座標を x とすれば，

$$\overline{S_1 P} = \sqrt{l^2 + \left(x - \frac{d}{2}\right)^2}, \qquad \overline{S_2 P} = \sqrt{l^2 + \left(x + \frac{d}{2}\right)^2}$$

であるが，$l \gg d$, $l \gg |x|$ として近似すれば，

$$\overline{S_1 P} = l\left\{1 + \left(\frac{x - \dfrac{d}{2}}{l}\right)^2\right\}^{\frac{1}{2}} \approx l\left\{1 + \frac{1}{2}\left(\frac{x - \dfrac{d}{2}}{l}\right)^2\right\}$$

$$\overline{S_2 P} = l\left\{1 + \left(\frac{x + \dfrac{d}{2}}{l}\right)^2\right\}^{\frac{1}{2}} \approx l\left\{1 + \frac{1}{2}\left(\frac{x + \dfrac{d}{2}}{l}\right)^2\right\}$$

$$\therefore \quad \Delta l = \frac{xd}{l} \qquad \therefore \quad \delta = \frac{xd}{l} \times \frac{2\pi}{\lambda}$$

と近似できる。よって，強干渉の条件は，m を整数として

$$\delta = \pi \times 2m \qquad \therefore \quad x = \frac{l\lambda}{d} \cdot m$$

となる（整数 m を干渉の次数という）。つまり，スクリーン上では等間隔 $\dfrac{l\lambda}{d}$ の明線（スクリーン上に現れる明暗の縞模様の明るい部分）が観測される。

2つのスリット S_1 と S_2 から点 P までの径路差 Δl は次のように求めることもできる。

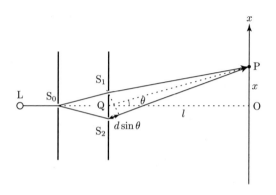

S_1, S_2 の中点 Q に対して $\theta = \angle PQO$ とおく。$d \ll l$ なので，S_1P, S_2P は QP にほぼ平行であると考えれば，

$$\Delta l \approx d \sin \theta$$

と近似できる。

$$x = l \tan \theta \qquad \therefore \quad \tan \theta = \frac{x}{l}$$

であるが，$|x| \ll l$ なので，$|\theta| \ll 1$ と扱うことができて

$$\sin \theta \approx \tan \theta$$

と近似できる。以上より，結局，

$$\Delta l \approx d \times \frac{x}{l} = \frac{xd}{l}$$

と近似できる。これは，上の計算結果と一致する。

　上の 2 通りの計算は，光の伝わり方について異なる捉え方をしている。

　はじめに行った，各径路の長さを具体的に求めて比較する方法は，光線と光線が出会って干渉する様子を調べている。光線どうしが出会うので，あとからの計算のように，光の伝わる方向が等しいと近似してはいけない。各光線の長さを具体的に求めて比較している。

　一方，あとの計算では各径路に沿って伝わった径路長（光線の長さ）は見ていない。あたかも 2 つのスリットから互いに平行な波面の平面波が伝わり，十分に遠くでその波面が重なったものと扱っている。スリットから出た直後に各スリットから伝わる波面の間隔が決定し，その値に応じて位相差が求められる。次に調べる多重干渉では，後者の分析の方法が便利である。

多重スリット

　スリットの数を増やしたときに干渉強度の分布の様子を調べる。各スリットから同じ方向に回折した光が十分に遠方で重なると考える。観測点は具体的に意識せず，観測する位置をスリットによる回折角 θ で指定する。スリットの間隔 d は一定とする。

　まずは，二重スリットについて調べ直す。

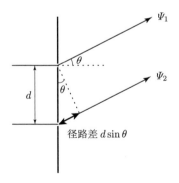

　2 つのスリットから角度 θ の方向に届く 2 つの光波は，位相差

$$\delta = d\sin\theta \times \frac{2\pi}{\lambda}$$

を用いて，

$$\Psi_1 = A\sin(\omega t), \qquad \Psi_2 = A\sin(\omega t - \delta)$$

と表すことができる。簡単のため振幅は等しいとした。

合成波は

$$\Psi = \Psi_1 + \Psi_2 = 2A\cos\left(\frac{\delta}{2}\right)\sin\left(\omega t - \frac{\delta}{2}\right)$$

となる。振幅 A に対応する明るさを I_0 とすれば，スクリーン上で観測される明るさは

$$I(\theta) = I_0 \times \left\{2\cos\left(\frac{\delta}{2}\right)\right\}^2 = 2I_0\left\{1 + \cos\left(\frac{2\pi d\sin\theta}{\lambda}\right)\right\}$$

となる。$\sin\theta$ の関数としてグラフに図示すれば以下のようになる。

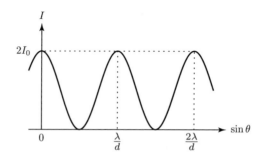

明るさの最大（極大）は，2 つのスリットからの光が同位相で届く

$$\delta = \pi \times 2m \qquad \therefore \quad \sin\theta = \frac{\lambda}{d}\cdot m \quad (m \text{ は整数})$$

の方向で観測される。

次に，三重スリットを考える。

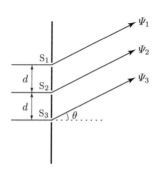

スリット S_2 からの光波を

$$\Psi_2 = A \sin(\omega t)$$

とすれば，スリット S_1，S_3 からの光波は，それぞれ

$$\Psi_1 = A \sin(\omega t + \delta), \qquad \Psi_3 = A \sin(\omega t - \delta)$$

と表せる（径路が短いと位相は進み，長いと位相は遅れる）。よって，観測される合成波は

$$\Psi = \Psi_1 + \Psi_2 + \Psi_3 = A \left\{ 1 + 2 \cos(\delta) \right\} \sin(\omega t)$$

となる。したがって，観測される明るさは

$$I(\theta) = I_0 \times \left\{ 1 + 2 \cos(\delta) \right\}^2 = I_0 \times \left\{ 1 + 2 \cos \left(\frac{2\pi d \sin \theta}{\lambda} \right) \right\}^2$$

となる。グラフに表せば以下の通りである。

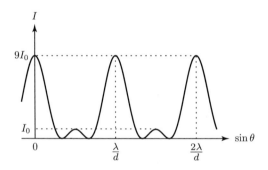

　隣り合うスリットからの光波の位相差が δ なので，

$$\delta = \pi \times 偶数$$

となる方向には，3つの光が強め合うので，1つのスリットからの光のみを観測する場合と比べて振幅が3倍となり，明るさは9倍になる。

$$\delta = \pi \times 奇数$$

となる方向では，隣り合う2つのスリットからの光は打ち消し合うが，1つのスリットからの光が残るので I_0 の明るさが観測され，明るさの副極大になっている。
　スリットの数を $4, 5, \cdots$ と増やしていくと，

$$\delta = \pi \times 偶数$$

となっていて，すべてのスリットからの光が強め合う方向の光の明るさの最大が先鋭化してくる。例えば，次の通りである。

六重スリット 　　　　　　　　　　　　十重スリット

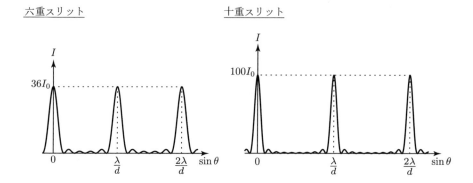

　N 重スリットの場合，明るさの最大と最大の間に明るさがゼロとなる方向が $N-1$ ヶ所現れる。そのため，N が大きくなるにつれて，明るさが最大となる方向からズレたときの明るさの減少が急速になる。

回折格子〈やや発展〉

　N 重スリットについて詳細に検討する。

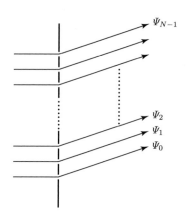

　各スリットからの光波は，最も径路が長い下端のスリットからの光波の振動を $\Psi_0 = A\sin(\omega t)$ として

$$\Psi_n = A \sin\left(\omega t + n\delta\right), \qquad \delta = \frac{2\pi d \sin\theta}{\lambda} \quad (n = 0, 1, 2, \cdots, N-1)$$

と表される。よって，合成波の関数は

$$\Psi = \sum_{n=0}^{N-1} \Psi_n = \sum_{n=0}^{N-1} A \sin\left(\omega t + n\delta\right)$$

で与えられる。

$\sin\left(\dfrac{\delta}{2}\right) \neq 0$ のときは，

$$\sin\left(\omega t + n\delta\right) = \frac{1}{2\sin\left(\dfrac{\delta}{2}\right)} \left\{\cos\left(\omega t + \left(n - \frac{1}{2}\right)\delta\right) - \cos\left(\omega t + \left(n + \frac{1}{2}\right)\delta\right)\right\}$$

の関係を利用して，和の計算が実行できる。すなわち，

$$\Psi = \frac{A}{2\sin\left(\dfrac{\delta}{2}\right)} \left\{\cos\left(\omega t - \frac{\delta}{2}\right) - \cos\left(\omega t - \frac{\delta}{2} + N\delta\right)\right\}$$

さらに，三角関数の公式を用いれば

$$\Psi = \frac{A\sin\left(\dfrac{N\delta}{2}\right)}{\sin\left(\dfrac{\delta}{2}\right)} \sin\left(\omega t + \frac{N-1}{2}\delta\right)$$

と整理できる。

一方，

$$\sin\left(\frac{\delta}{2}\right) = 0 \qquad \text{i.e.} \quad \delta = \pi \times 偶数 \tag{3--2--1}$$

の場合は，

$$\Psi = NA\sin(\omega t)$$

となる。この場合は，隣接する 2 つのスリットからの光が強め合い，その結果，すべてのスリットからの光が強め合うので，最大の明るさが観測される。それに対応する光波の振幅が NA である。一方，(3--2--1) の条件が満たされていない場合は，合成波の振幅が

$$A \left| \frac{\sin\left(\dfrac{N\delta}{2}\right)}{\sin\left(\dfrac{\delta}{2}\right)} \right|$$

なので，最大の明るさに対する明るさの比は，やや大雑把な評価であるが

$$\left\{ \frac{\sin\left(\frac{N\delta}{2}\right)}{N\sin\left(\frac{\delta}{2}\right)} \right\}^2 \sim \frac{1}{N^2}$$

と見積もることができる。これは，N が $10^3 \sim 10^4$ となると，(3–2–1) の条件を満たす方向以外の光の強度はほぼ無視できることを示す。

このような装置（1 cm 程度の幅に $10^3 \sim 10^4$ 個のスリットが刻まれている）を**回折格子**と呼ぶ。回折格子では，すべてのスリットからの光が強め合う (3–2–1) の条件を満たす方向，つまり，すべてのスリットから同位相の光が届く方向以外には光が届かないと扱うことができ，強度分布は線スペクトルとなる。光が届く条件は，

$$\delta = \pi \times 偶数 \quad \text{i.e.} \quad d\sin\theta = m\lambda \quad (m は整数)$$

なので（これを回折格子の**回折条件**という。また，この条件を満たす光を**回折光**という），$\sin\theta$ の関数として強度分布をグラフに示すと次のようになる。

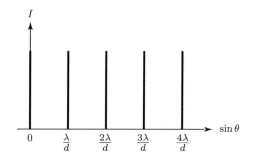

実際にはスリットの幅が有限であるため，回折の次数が高くなるにつれて回折強度は小さくなる。

繰り返しになるが結論を確認しておくと，回折格子に光を入射した場合に回折光が届く方向の条件は，すべてのスリットからの光が強め合うことであるが，それは，隣接する 2 つのスリットからの光が強め合うことなので，

$$d\sin\theta \times \frac{2\pi}{\lambda} = \pi \times 2m \quad \text{i.e.} \quad d\sin\theta = m\lambda \quad (m は整数)$$

となる。整数 m を回折の次数という。

回折条件は光の波長に依存するので，白色光を回折格子に入射すると，波長ごとに異なる方向に回折する。ただし，0 次の（$m = 0$ に対応する）回折条件は波

長によらず $\theta = 0$ なので，回折格子の正面には白色光が届く。1 次以降の回折方向には内側から外側に向かって波長の短い順に色ごとに連続的に並ぶことになる。

薄膜干渉

　シャボン玉の表面に太陽光が照射すると色づいて見える。これは，石けん水の膜で光が反射する際に波長（色）ごとに異なる方向に強め合うためである。

　図のような屈折率 n の厚さ d の平らな膜が真空中に固定されている場合を考える。この膜に波長 λ の平面波を入射する。

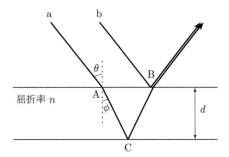

　膜の表面の点 A に入射角 θ で入射した光線 a は反射光と屈折光に分岐する。屈折光は膜の中を斜めに往復（膜の下面で反射する点を C とする）して，点 B において真空中に屈折して出て来る。その際，点 B に入射して反射する光線 b と合流する。この 2 つの光線の干渉を調べる。経路の途中で分岐がある場合は，まず，どの光とどの光の干渉を調べるのかを確認することが重要である。

　膜に入射する際の屈折角を ϕ とすれば，屈折の法則より，

$$1 \cdot \sin \theta = n \sin \phi \qquad \therefore \quad \sin \phi = \frac{\sin \theta}{n} \tag{3-2-2}$$

となる。この関係は膜から真空中に出て行く光線の屈折にも同じ形で成り立つので，2 つの光は合流できる。

　次図の点線 BB′ は屈折波面を表すので，反射の効果を考えなければ B と B′ において 2 つの光は同位相となっている。したがって，実質的な径路の差は膜の中の折れ線 B′CB により生じる。この長さを求めるには，膜の下側の境界面に関する点 B の対称点 B″ をとれば容易に求めることができ，

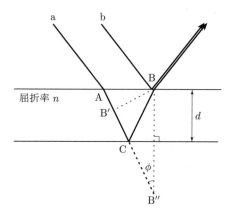

$$\text{折れ線 } \mathrm{B'CB} \text{ の長さ} = \overline{\mathrm{B'B''}} = 2d\cos\phi$$

となる。膜の中での光の波長は $\dfrac{\lambda}{n}$ なので，これを位相差に換算すれば，

$$\delta_1 = 2d\cos\phi \times \frac{2\pi}{\dfrac{\lambda}{n}} = 2nd\cos\phi \times \frac{2\pi}{\lambda}$$

となる。しかし，観測のパラメータは ϕ ではなく入射角 θ なので，(3–2–2) を用いて変形すれば，

$$\delta_1 = 2d\sqrt{n^2 - \sin^2\theta} \times \frac{2\pi}{\lambda}$$

となる。

　次に，経路の途中で反射がある場合には，反射による位相変化についても考察する必要がある。いまの場合，2 つの光線は共に 1 回ずつ反射している。光線 a は屈折率 $n\,(>1)$ の膜から真空に出る境界面において反射しているので，反射による位相変化はない。一方，光線 b は，真空から膜に入射する境界面において反射しているので，反射により位相が逆転する。したがって，2 つの光線は反射による位相変化の差

$$\delta_2 = \pi$$

をもつ。

　以上より，2 つの光線 a, b の位相差は

$$\delta = \delta_1 + \delta_2 = 2d\sqrt{n^2 - \sin^2\theta} \times \frac{2\pi}{\lambda} + \pi$$

となる（引き算で繋いでも意味は変わらない）。したがって，強干渉条件，すなわち，強く反射される条件は，

$$\delta = \pi \times 2m \qquad \therefore \quad 2d\sqrt{n^2 - \sin^2\theta} = \left(m - \frac{1}{2}\right)\lambda \quad (m = 1, 2, \cdots)$$

である。干渉条件が波長に依存するので，白色光を入射すると波長（色）ごとに分かれて反射することになる。

　一方，透過光を観測する場合は，下図のように点 B で合流した後，膜の中を走り，下側の表面から真空中に出て行く。入射角が等しければ，径路の差は反射光を観測する場合と同一である。反射に関しては，光線 a は 2 回反射するが 2 回とも位相変化がない。光線 b は一度も反射しない。その結果，反射による位相変化は生じない。よって，2 つの光線の位相差は

$$\delta = \delta_1 = 2d\sqrt{n^2 - \sin^2\theta} \times \frac{2\pi}{\lambda}$$

となる。

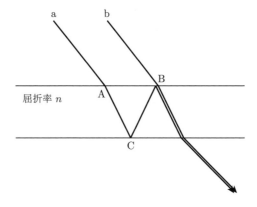

　透過光の位相差は，反射光の位相差と比べてちょうど π だけ値が異なる。したがって，干渉条件が逆転する。より詳しく述べれば，同じ入射角の反射光と透過光は，明るさ（エネルギー）の和が入射角の値によらず一定となる。これは，エネルギー保存則を考えれば，自明とも言える。

　この状況は，薄膜干渉と同じように入射光が反射光と透過光に分岐する**くさび干渉**や**ニュートンリング**でも同様である。

くさび干渉

2枚の板ガラスをわずかに傾けて重ね，波長 λ の単色光の平面波を入射して反射光を観測する。

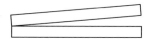

2枚の板ガラスの間にはくさび状の隙間が出来ている。その隙間と板ガラスの境界面で反射する2つの光線の干渉を考える。他にも2通りの反射の可能性があるが，それらと他の光線の組み合わせの場合は径路が大きくなりすぎ（図では見やすくするために隙間を広く描いているが，現実には数 µm の幅であり，一方，ガラス板の厚さは数 cm である），また，反射・透過の分岐の回数の差が大きくなるため干渉への寄与は小さい。

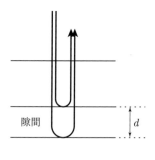

観測点における隙間の幅を d とすれば，反射の効果も含めた位相差は

$$\delta = 2d \times \frac{2\pi}{\lambda} + \pi$$

となる。傾き角度 α は十分に小さく，反射や屈折による光線の向きの変化は無視できる。なお，径路差は隙間の幅の2倍であることに注意を要する。また，反射に関しては，一方は位相変化がなく，一方は位相が逆転する。

暗干渉（弱干渉）の条件を求めると，

$$\delta = \pi \times (2m+1) \qquad \therefore \quad d = \frac{\lambda}{2} \cdot m \quad (m = 1, 2, \cdots)$$

となる。ところで，観測のパラメータは隙間の幅 d ではなく，例えば，ガラス板

の左端から観測点までの距離 x である。

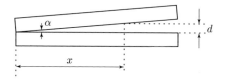

このとき，
$$d = x \tan \alpha$$

なので，この条件は，

$$x = \frac{\lambda}{2 \tan \alpha} \cdot m \quad (m = 1, 2, \cdots)$$

となる。したがって，等間隔の干渉縞が観測されることが分かる。

　透過光を観測する場合は，下図の 2 つの光線の干渉を観測することになる。薄膜干渉の場合と同様に，同じ位置では反射光と比べて位相差は π だけ異なり，明暗が逆転する。

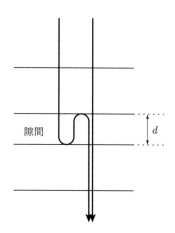

隙間

ニュートンリング

　板ガラスと平凸レンズを重ねて，波長 λ の単色光の平面波を入射して反射光を観測する。

平凸レンズの光軸

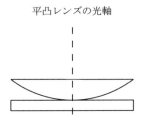

　基本的な考え方はくさび干渉と同様である。平凸レンズの凸面の曲率半径 R は十分に大きく傾きは十分に小さい。くさび干渉の場合と異なることは，まず，隙間の幅が平凸レンズの光軸に関して対称なので，干渉模様が直線ではなく円形（環，リング）になる。観測のパラメータは，リングの半径となる。また，凸面は平面ではなく球面なので，隙間の幅 d の変化が観測のパラメータであるリングの半径 r に対して線形に変化しない。そのため，d と r の関係を求めるのがやや難しい。

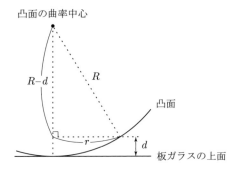

　上の図から読み取れるように，三平方の定理より

$$R^2 = r^2 + (R-d)^2 \qquad \therefore \quad 2Rd - d^2 = r^2$$

が成り立つ。ところで，典型的な値としては，R は数 m，r は数 cm，d は数 μm であるから，$2Rd$ に対して d^2 は無視できる。よって，

$$2Rd = r^2 \qquad \therefore \quad 2d = \frac{r^2}{R}$$

と近似できる。したがって，光軸から距離 r における反射光の場合の 2 つの光の位相差は

$$\delta = 2d \times \frac{2\pi}{\lambda} + \pi = \frac{r^2}{R} \times \frac{2\pi}{\lambda} + \pi$$

となる。

　暗干渉の条件を求めると，

$$\delta = \pi \times (2m + 1) \qquad \therefore \quad r = \sqrt{m \cdot R\lambda} \quad (m = 1, 2, \cdots)$$

となる。暗環は等間隔ではなく，外側ほど間隔が狭くなっていく。

反射光の暗環

反射光の場合，中央は暗帯となる。

　透過光を観測する場合は，薄膜干渉やくさび干渉の場合と同様に，同じ位置では反射光と比べて位相差は π だけ異なり，明暗が逆転する。

マイケルソンの干渉計

　1887 年，マイケルソンとモーレーは，ある目的から次ページの図のような装置を考案して光波の干渉実験を行った。

　光源 S から発せられた波長 λ の光はハーフミラー H により 2 径路に分岐される。鏡 M_1 と M_2 で反射された後に再び H を経由して検出器 D に入射する。H と M_1 の距離を L_1，H と M_2 の距離を L_2 とする。このとき，2 つの光の径路差は，H と M_1 または M_2 の往復の径路の差なので，$2(L_1 - L_2)$ である（2 倍するのを忘れないように注意する必要がある）。よって，H による反射による位相変化の差を α として，

$$\delta = 2(L_1 - L_2) \times \frac{2\pi}{\lambda} + \alpha$$

となる。（ハーフミラーの仕組みは複雑であり，ハーフミラーの反射による位相変化を一概に論じることはできない。入試では，特に断りがなければ，この計算で

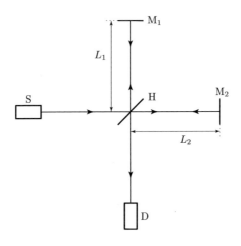

計上した α を考慮しなくてもよいだろう。出題者も考慮していない場合が多い。)

　観測点（検出器 D）における位相差が求まれば，干渉の一般論に従って干渉条件を判断することになる。

　マクスウェルの理論により光が波動であることが明らかになった当時，エーテルと呼ばれる透明な物質が宇宙空間を充満し，これが光の媒質になると考えられていた。マイケルソンの実験は，エーテルに対する地球の速度を測定することを目的に行われたが，結果はまったく予想に反するものであった。そして，1905 年に登場するアインシュタインの特殊相対性理論により，エーテルの存在は完全に否定されることになる。

第 VI 部
原子

〈第 VI 部を学習するための注意書き〉

第 VI 部のタイトル「原子」は，おそらく皆さんがイメージする原子とは異なったものを意味する。原子とは，もともとは物質の究極的な構成要素を指す名称であった。今日，我々が原子と呼ぶ粒子は，本来の意味では原子ではない。ここで扱うのは，今日の原子の他に，原子核や，光子など，20 世紀になってから解明が進んだ極ミクロな世界の現象である。

この分野に関わる物理学の理論を体系的に学ぶには，かなりの数学的な準備が必要であり，高校生・受験生の段階で学ぶのは難しい。そのため，以下での記述はほとんど事象の紹介に終始する。

紹介される事象は，これまで学んできた物理学の常識には反するものである。したがって，解釈したり，理解しようとするのは危険である（本質的な誤謬を含む可能性が高い）。紹介された事象を事実として受け容れてほしい。

なお，ここで紹介する内容は基本的には 1900 年から 1924 年までの物理学者達による努力の成果である。最新の研究の成果は必ずしも反映していないので，現代の視点から見ると正確でない記述も含まれているがご容赦いただきたい。しかし，根幹となる部分については可能な限り精密に議論を進めていく。

第1章 相対性理論〈参考〉

　20世紀になって発見された**量子論**と**相対性理論**は，現代物理学を支える2本の柱である。

　相対性理論は，高校物理では扱われていないため，第VI部の考察対象からは外れるが，参考として基本的な考え方と，そこから導かれる幾つかの結論を紹介する。相対性理論は，1905年に発表された**特殊相対性理論**と，その10年ほど後に完成する**一般相対性理論**とからなる。いずれもアインシュタインの大きな業績である。特殊相対性理論は，時間と空間（これを合わせて**時空間**と呼ぶことがある）の構造に関わる物理学の基礎理論である。一方，一般相対性理論は，重力の効果を時空間の幾何学として表現する理論である。

　本章では，特殊相対性理論について紹介する。ただし，詳細な計算は省略し，主に事実と結論の紹介に留める。さらに深く学びたい読者は巻末に掲示した参考文献を繙いてほしい。

1.1 光速不変の原理

　第V部の最後に紹介したマイケルソンの実験は，当時は存在が信じられていたエーテルに対する地球の速度（これは，実質的には宇宙空間に対する地球の速度を意味する）を測定することを目的に行われた。その原理は以下の通りである。

　マクスウェルの理論から導かれる光（電磁波）の速さcが，音と同様に，媒質（エーテル）に対する伝播速度であるならば，媒質に対して運動している観測者が観測する光の速さは，光の伝わる向きに対する観測者の速度によりさまざまな値をとることになる。例えば，地球のエーテルに対する速さをvとすれば，地球の速度と同じ向きに伝わる光の速さは地球上では$c-v$として，逆向きに伝わる光

の速さは $c + v$ として観測される。

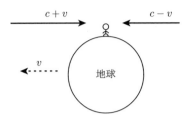

ところが，測定結果から得られた v の値は，太陽に対する地球の公転速度よりも小さかった。これは，地球が宇宙空間に対してほぼ静止していることを意味する。当時の人々は，この観測結果を説明するためにさまざまな工夫を提案した。例えば，ローレンツは，運動する物体は運動の方向の長さが縮む（ローレンツ収縮という）と仮定して，観測結果を説明したが，何故物体の長さが縮むのかを上手く説明することはできなかった。

アインシュタインは，他の人々とはまったく逆の発想により観測結果を説明した。$v = 0$ ということは，地球の速度によらず光の速さは同じ値で観測されることを意味する。つまり，

　　真空中の光の速さは光源や観測者の運動によらず，すべての慣性系で同じ値
　　となる。

と考えた。マイケルソンの実験結果は説明すべき対象ではなく，自然の摂理として認めるべきであり，原理として要請すべき対象であると考えたのである。この原理は光速不変の原理と呼ばれるが，「不変」は「普遍（universal）」と書いた方が内容と整合的である。

1.2 特殊相対性理論

アインシュタインは光速不変の原理とは独立に，

　　相対性原理：任意の慣性系において物理法則は同じ形で成り立つ。

を要請した（これは，後に発表された一般相対性原理と区別して特殊相対性原理とも呼ばれる）。そして，この2つの原理に基づいて建立した特殊相対性理論を

1905 年に発表した（アインシュタインの理論は，上の 2 つの原理の他に，慣性系において時間は一様であり，空間は一様等方である，という時空の一様性も仮定している）。

その具体的な内容を以下で簡単に紹介していく。理論の枢要な部分は，時間と空間に対するニュートン以来の認識を革命的に変更しなければならないことにある。ニュートンの力学の理論では，慣性系から別の慣性系への座標変換はガリレイ変換に従う。しかし，そのような扱いは，光の速さの普遍性に矛盾する。したがって，新しい座標変換を発見する必要がある。

1.3　ローレンツ変換

特殊相対性理論における慣性系から別の慣性系への座標変換としては，**ローレンツ変換**と呼ばれる変換が必要になる。

ローレンツ変換は，光速不変の原理と特殊相対性原理の 2 つの原理と時空の一様性の要請から導くことができるが，ここでは結論のみを紹介しておく。ガリレイ変換からの最も大きな変更は，時間も空間座標と同様に慣性系ごとに値が異なる相対的な量であり，座標変換においては，空間と時間を併せた 1 つの 4 次元空間の座標の変換のように扱うことにある。ただ，時刻 t は空間座標 x, y, z とは次元が異なるので同列には扱いにくい。そこで，真空中の光の速さ c を用いて (ct, x, y, z) をこの 4 次元空間の座標として扱うことにする。もちろん，c はすべての慣性系において共通である。

ある慣性系 K の座標を (ct, x, y, z) とする。この慣性系の x 軸方向に一定の速度 v で平行移動する座標系 K′ を考える。この新しい座標系も慣性系である。

各慣性系における時刻 t, t' は，それぞれの座標系の原点に固定した時計の刻みにより計時する。2 つの慣性系の原点が一致していたときに，$t = t' = 0$ であったとする。このとき，新しい慣性系の座標を (ct', x', y', z') とすれば，ローレンツ変換は，

$$\begin{cases} ct' = \gamma(ct - \beta x) \\ x' = \gamma(-\beta \cdot ct + x) \\ y' = y \\ z' = z \end{cases}$$

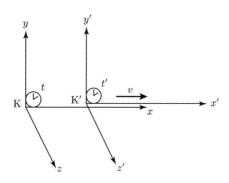

と表される。ここで,

$$\beta \equiv \frac{v}{c}, \qquad \gamma \equiv \frac{1}{\sqrt{1-\beta^2}}$$

である。

　光の速さ $c \fallingdotseq 3.0 \times 10^8$ m/s に対して,通常の力学の問題で扱う速さ v は 5 桁以上小さいので(地球の公転速度が約 30 km/s),その場合は,

$$\beta \fallingdotseq 0, \qquad \gamma \fallingdotseq 1 \quad (ただし,\ \beta c = v)$$

であり,ローレンツ変換はガリレイ変換に一致する。つまり,ガリレイ変換はローレンツ変換の $c \to \infty$ の極限(光の速さを無限大と扱えるような状況)として理解できる。

1.4　幾つかの結論

　ローレンツ変換に基づいて調べると,さまざまな興味深い(相対論以前の常識に反するような)結論が得られる。

ローレンツ収縮

　慣性系 K′ の x' 軸に固定されている剛体棒 AB を考える。A の位置が $x' = 0$,B の位置が $x' = l_0$ であるとすれば,慣性系 K′ において棒 AB は静止しており,その長さは l_0 である。

　慣性系 K の時刻 t における A, B の位置 x_{A}, x_{B} はそれぞれ,

$$0 = \gamma(-\beta \cdot ct + x_{\mathrm{A}}) \qquad \therefore \quad x_{\mathrm{A}} = \beta \cdot ct = vt$$

$$l_0 = \gamma(-\beta \cdot ct + x_{\mathrm{B}}) \qquad \therefore \quad x_{\mathrm{B}} = \beta \cdot ct + \frac{l_0}{\gamma} = vt + l_0\sqrt{1-\beta^2}$$

なので，棒 AB は慣性系 K から観測すると速度 v で平行移動している。そして，その長さ l は

$$l = x_{\mathrm{B}} - x_{\mathrm{A}} = l_0\sqrt{1-\beta^2} < l_0$$

となる。つまり，ある慣性系から観測して速度をもつ物体は，静止している場合と比べて長さが縮んで観測される。これは，ローレンツが主張したローレンツ収縮と結論は一致する。

時間の遅れ

慣性系 K の時刻 t において，慣性系 K′ の原点 $(x' = 0)$ は $x = vt$ を通過する。したがって，慣性系 K′ の原点に固定された（慣性系 K から観測すると速度 v で移動する）時計の刻む時刻 t' は，

$$ct' = \gamma(ct - \beta \cdot vt) \qquad \therefore \quad t' = \gamma(1 - \beta^2)t = t\sqrt{1-\beta^2} < t$$

となる。

これは，ある慣性系（K）に対して速度をもつ別の慣性系（K′）の時間は，進み方が遅れて観測されることを表す。

なお，ある質点について，その質点が静止して見える座標系の時間を，その質点の**固有時間**と呼ぶ。例えば，上の慣性系 K′ に対して静止している質点の固有時間は，慣性系の時間に対して

$$\tau \equiv t' = t\sqrt{1-\beta^2}$$

である。

速度の合成則

慣性系 K に対して x 軸方向に一定の速度 v で移動する動点 P と，動点 P から見て P の速度と同じ向きに一定の速度 u で移動する動点 Q を考える。

Pに固定した座標系は上の慣性系 K′ と一致する。この慣性系 K′ に対して Q は x' 軸の正の向きに速度 u で移動しているので，時刻 $t' = 0$ に $x' = 0$ を通過したとすれば，Q の位置は

$$x' = ut'$$

で与えられる。

ローレンツ変換の式を逆に解くと（具体的に ct, x について解いてもよいが，$v \to (-v)$ と読み換えればよい），

$$\begin{cases} ct = \gamma(ct' + \beta x') \\ x = \gamma(\beta \cdot ct' + x') \end{cases}$$

となるので，Q を慣性系 K から観測すると，時刻 t と Q の x 座標は t' を介して

$$\begin{cases} ct = \gamma(ct' + \beta ut') \\ x = \gamma(\beta \cdot ct' + ut') \end{cases}$$

により結びつけられる。2式より t' を消去すれば，

$$x = \gamma(v + u) \times \frac{t}{\gamma\left(1 + \dfrac{vu}{c^2}\right)} = \frac{v + u}{1 + \dfrac{vu}{c^2}} t$$

となる。これは，慣性系 K から観測した Q の速度 w は $v + u$ ではなく

$$w = \frac{v + u}{1 + \dfrac{vu}{c^2}} \ (< v + u)$$

となることを表している。ガリレイ変換のように，単純に速度を加算することはできない。また，$|v| < c$, $|u| < c$ のときは，$|w| < c$ であることが確認できる（各自で確認してみよう）。光速よりも小さい速さをいくら合成しても，光速に達することはない。

なお，$u = c$ の場合は，

$$w = \frac{v + c}{1 + \dfrac{vc}{c^2}} = c$$

となる（光速の普遍性を示している）。

光のドップラー効果

振動数 ν_0 の光を発する光源が，観測者に速度 v で近づく場合に，観測者に届く光の振動数 ν を求める。

　観測者が静止している座標系において時間が t だけ経過する間に，光源が静止している座標系では時間が

$$t' = t\sqrt{1-\beta^2}$$

だけ経過する。

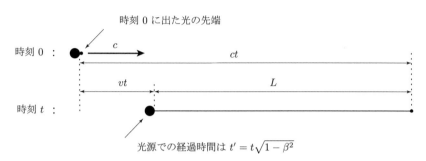

時刻 0 に出た光の先端

時刻 0 ：　c　ct

vt　L

時刻 t ：

光源での経過時間は $t' = t\sqrt{1-\beta^2}$

　したがって，光源が発した波の数は

$$N = \nu_0 t' = \nu_0 t\sqrt{1-\beta^2}$$

となる。その間に，初めに発せられた光の先端は ct だけ進み（光の速さは当然 c である），光源は光と同じ向きに vt だけ移動しているので，N 個の波が観測者から見て長さ $L = ct - vt$ の区間に埋まっていることになる。したがって，光の波長は

$$\lambda = \frac{L}{N} = \frac{c-v}{\sqrt{1-\beta^2}} \cdot \frac{1}{\nu_0} = \frac{c}{\nu_0}\sqrt{\frac{c-v}{c+v}}$$

である。よって，

$$\nu = \frac{c}{\lambda} = \nu_0\sqrt{\frac{c+v}{c-v}}$$

となる。

　観測者が静止している光源に近づく場合も，観測者から見れば上と同じ議論になり同じ結論を得る。光のドップラー効果は，光源の運動と観測者の運動に関してまったく同じ結論となり，相対速度のみで決まる。これは，音の場合は観測者が移動すると観測者に対する音の速さが変化したのに対して，光の速さは普遍であることに基因する。

　なお，入試では，基本的に光のドップラー効果は出題されないが，仮に出題された

場合には，指示がない限り音のドップラー効果の式を流用して構わない。$\left|\dfrac{v}{c}\right| \ll 1$ のとき，そのように扱っても近似的には同じ結果を与える。

1.5 相対論的運動学

相対性理論では，時刻 $t\,(ct)$ と空間座標 x, y, z を対等に扱う必要がある。そうすると，時刻 t を特別扱いするニュートンの力学の理論には修正が必要になる。

質点 m の速度は (ct, x, y, z) をそれぞれ，質点の固有時間

$$\tau = t\sqrt{1 - \left(\frac{v}{c}\right)^2}$$

により微分して得られる値を成分とする 4 元ベクトル（4 つの独立な成分をもつベクトル）

$$\left(\frac{c}{\sqrt{1 - \left(\frac{v}{c}\right)^2}}, \ \frac{\vec{v}}{\sqrt{1 - \left(\frac{v}{c}\right)^2}}\right)$$

により定義される（**4 元速度**）。ここで，t は質点の運動を観測している座標系（慣性系）の時刻，$\vec{v}$ はその座標系から観測した質点の速度，v は速さである。

運動量は，この 4 元速度に質量を乗じた 4 元ベクトル

$$\left(\frac{mc}{\sqrt{1 - \left(\frac{v}{c}\right)^2}}, \ \frac{m\vec{v}}{\sqrt{1 - \left(\frac{v}{c}\right)^2}}\right)$$

により定義される（**4 元運動量**）。相対性理論では，4 元ベクトルの時間成分（1 つ目の成分）は第 0 成分と扱い，空間成分を第 1 成分〜第 3 成分と扱う。空間成分から成る 3 元ベクトルは，$\dfrac{v}{c} \to 0$ の極限においてニュートンの運動量に戻る。問題となるのは，第 0 成分 $p_0 = \dfrac{mc}{\sqrt{1 - \left(\frac{v}{c}\right)^2}}$ の解釈であるが，

$$\frac{E}{c} \equiv p_0$$

により定義される

$$E = cp_0 = \frac{mc^2}{\sqrt{1 - \left(\frac{v}{c}\right)^2}}$$

を質点のエネルギーと解釈できる（§4.1 参照）。

第2章 粒子と波動の二重性

　原子論——物質を細かく分割していくとそれ以上は不可分な単位が存在するという考え——の起源は古代ギリシャまで遡り，近代的なドルトンの原子説も 19 世紀初頭に発表されている。

　これに対し，物理量（エネルギーや運動量など）にも不可分な単位（これを，物質の単位である原子に対して，**量子**という）が存在するという考えを**量子論**という。その端緒は，ドルトンの原子説からおよそ 100 年後に発表された**プランクの量子仮説**である。

2.1 素粒子

　現在，我々が原子と呼ぶ粒子（周期表にある元素の原子）は本来の意味の「原子」ではない。さらに分割可能である。そこで，本来の意味の原子の代わりの用語として**素粒子**という用語が使われる。

　詳細は次章以下で検討するが，原子は**原子核**と**電子**からできていて，原子核は**陽子**と**中性子**からできている。したがって，陽子，中性子，電子の 3 種類の粒子を取り敢えず，本来の原子の意味での素粒子と扱うことができる。3 種類に分類できること，あるいは，ある粒子とある粒子が同種の粒子（例えば，どちらも電子）であると判断できることは，それぞれが固有の属性をもつためである。物理的に意義のある粒子の属性は**質量**と**電気量**である。つまり，陽子，中性子，電子の 3 種類の粒子は，それぞれに固有の質量と電気量をもっている。それらの比を陽子を基準として表に纏めると以下の通りである。

粒子	質量	電気量
陽子	1	+1
中性子	ほぼ 1	0
電子	約 $\dfrac{1}{1840}$	-1

　質量の比は概数であるが，電気量の比は厳密な値である。中性子という名称は電気量が 0 であること（電気的に中性）に由来する。陽子と電子の電気量の大きさ e は等しく正と負なので，自然界の物体がもつ電気量は e の整数倍となる。そのため，e を電気量の単位という意味で**電気素量**と呼ぶ。具体的な数値は

$$e \fallingdotseq 1.6 \times 10^{-19} \text{ C}$$

である。

　厳密には，中性子の質量は陽子の質量よりもやや大きい。しかし，陽子と中性子と電子が集まってできている自然界の粒子の質量は，ほぼ陽子の質量の整数倍となる。そこで，原子核や原子には，陽子の質量を 1 とするような単位を使うと便利である。そのような単位として，現在の SI 単位系では**統一原子質量単位** u が使われている。その値は

$$1 \text{ u} \fallingdotseq 1.66 \times 10^{-27} \text{ kg}$$

であり，質量数 12 の炭素の中性原子の質量の 12 分の 1 と等しくなっている。

　統一原子質量単位を使うと，

$$\text{陽子の質量} \quad : \quad m_\mathrm{p} = 1.0073 \text{ u}$$
$$\text{中性子の質量} \quad : \quad m_\mathrm{n} = 1.0087 \text{ u}$$

である。

2.2　プランクの量子仮説

　プランクは 1900 年（19 世紀の最終年）に，振動数 ν の振動系が外界とやりとりできるエネルギーは $h\nu$ の整数倍である，という仮説を提唱した。これをプランクの量子仮説という。比例定数 h は普遍定数であり，**プランク定数**と呼ばれる。プランク定数は

$$h \fallingdotseq 6.6 \times 10^{-34}\ \mathrm{J \cdot s}$$

と非常に小さく，人間が直接観測できるような巨視的現象では，エネルギーの不連続性が表に現れることはない。コップの中の水を見て，それが水分子の集まりであると意識しないのと似ている。

　プランクの量子仮説は，非常に小さいがエネルギーには不可分な単位（量子）があるという主張であり，量子論の曙となる発見である。エネルギーに量子があるという考えは，黒体輻射におけるスペクトル分布の観測結果を説明するために導入された。その詳細についての説明は省略する。

2.3　光の粒子性

　プランクのアイディアはアインシュタインによりさらに拡張され，その後の研究も通して，光には不可分な単位があることが明らかになった。この不可分な単位の存在を**粒子性**と表現する。豆粒のような「粒」を想像してはいけない。そして，光の"粒子"を今日では**光子**と呼んでいる。

　光子の発見の直接の契機はアインシュタインの**光量子仮説**である。光量子仮説は，光電効果に関する観測結果のさまざまな困難を解決するために発見された。

光電効果

　光電効果自体は，金属に光を照射すると電子（**光電子**という）が出て来るという単純な現象である。

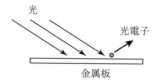

　金属は結晶内に軌道から外れた自由電子が多数存在し，外部からエネルギーを与えると結晶外部に出て来ることは他の現象でも観測される。例えば，ヒーターで熱しても電子が出て来る（この場合は**熱電子**という）。

　ところが，詳細な実験を行うと，**古典論**では説明できないさまざまな観測結果が得られる。ここで，古典論とは，光を波動と扱う考え方を意味する（光の**波動**

論と言ってもよい）。あるいは，量子論以前の，ニュートンの力学の理論とマクスウェルの電磁気学の理論を柱とする 19 世紀までの物理学を古典論（あるいは，**古典物理学**）と呼ぶ。それに対して，量子論に則った新しい物理学を**現代物理学**と呼ぶが，通常は 1925 年以降に完成した**量子力学**に即した理論が特に現代物理学と呼ばれている。高校物理で扱うのは**前期量子論**と呼ばれる 1900 年（プランクの量子仮説）〜1924 年（ド・ブロイの物質波）までの物理学者達の試行錯誤の歴史である。

　光電効果に関する実験は，下図のように光電管を組み込んだ回路を用いる。

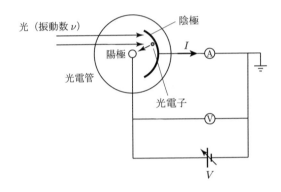

　光電管の陰極に光を照射すると光電子が現れる。陰極は接地し，陽極の電位を V とすることにより，光電子を陽極に吸い寄せる。そうすると，回路に電流 I が流れる（**光電流**という）ので，単位時間に表れた光電子の個数を電流計により測定できる。

　また，陽極の電位を変化させると，次図のグラフのような結果が得られる。

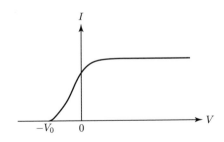

$V \leqq -V_0$ 以下では光電流が流れなくなる。これは，陰極から飛び出した光電子

が陽極に達する間に減速され途中で停止してしまうため，陽極に達せなくなるためである。V_0 を**阻止電圧**と呼ぶ。阻止電圧 V_0 を測定することにより，光電子の運動エネルギーの最大値を求めることができる。

　実験の結果は，光の波動論では説明できないものであった。それは，

① 　強い光を照射すると，光電子の個数は増加するが，運動エネルギーの最大値は変化しない。

② 　照射する光の振動数を大きくすると，光電子の運動エネルギーの最大値が大きくなる。

③ 　照射する光の振動数がある値（限界振動数）以下の場合は，光の強さによらず光電子は現れない。

④ 　限界振動数を超える振動数の光を照射すると，照射し始めた直後から光電子が現れる。

などである。

　光の波動論では，光は振幅の 2 乗に比例するエネルギーの連続的な流れである。このような理解では，光電子の運動エネルギーの最大値が，光の振動数のみで決まることや，照射直後から光電子が出て来ることが説明できない。

アインシュタインの光量子仮説

　アインシュタインは 1905 年に，光電効果に関する観測結果についての上述の困難を解決する，以下のような仮説 —— **光量子仮説** —— を提唱した。

　　仮説：振動数 ν の光は，エネルギー $h\nu$（h はプランク定数）の不可分な 塊（光量子）の流れである。電子は 1 つの光量子のみを吸収して光電子として飛び出す。

　金属の表面で静止した状態を基準として電子のエネルギーを模式図で示すと次図のようになる。

　エネルギー $(-W)$ の自由電子が光量子 $\varepsilon = h\nu$ を吸収すると，エネルギーは

$$K = h\nu - W$$

となる。これが $K > 0$ であれば，電子は運動エネルギー K の光電子として飛び出してくる。この場合，電子は 1 つの光量子を吸収するだけで飛び出てくるので，

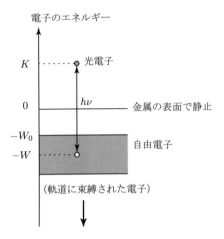

光を照射し始めた直後から光電子が現れ始める。

　金属の**仕事関数**（金属結晶から電子を取り出すのに要する最小のエネルギー）を W_0 とすると，光電子の運動エネルギーの最大値は

$$K_{\max} = h\nu - W_0$$

である。これは，光電子の運動エネルギーの最大値が照射する光の振動数で決まり，振動数が大きいほど，運動エネルギーの最大値も大きくなることを示している。そして，

$$h\nu - W_0 < 0 \quad \text{i.e.} \quad \nu < \frac{W_0}{h}$$

の場合，光電子は現れない。これが限界振動数を与える。つまり，

$$\nu_0 = \frac{W_0}{h}$$

が，限界振動数である。

　照射する光の振動数 ν が，$\nu > \nu_0$ であれば，光電子が現れるが，単位時間あたりの総数は照射する光の強さ（光量）により決定される。運動エネルギー K の光電子が陽極に達したときの運動エネルギーを K' とすれば，力学的エネルギー保存則より，

$$K' + (-e)V = K \qquad \therefore \quad K' = K + eV$$

となる。電圧 V が $V > 0$ の場合は，ほとんどすべての光電子が陽極に達するので，

電流がほぼ一定となる（その値が電流の最大値，限界値である）。一方，$V < 0$ の場合には，

$$K + eV < 0$$

となる光電子が現れ，そのような光電子は陽極に達せなくなる。そのため電流が減少する。

$$K_{\max} + eV < 0$$

の場合には，陽極に達せる光電子が存在しなくなり電流が 0 となる。阻止電圧 V_0 は，

$$K_{\max} + e(-V_0) = 0 \qquad \therefore \quad eV_0 = K_{\max} = h\nu - W_0$$

で与えられる。

　なお，光電管の陰極と陽極の金属が異なる種類の場合には，陰極金属の仕事関数 W_1 と陽極金属の仕事関数 W_2 の値が異なることに起因して，複雑な議論が必要となる。結論を示しておくと，阻止電圧 V_0 は

$$eV_0 = h\nu - W_2$$

で与えられる。しかし，入試などでは，特に言及のない限り，この点について考慮する必要はない。

　照射する光の振動数を変化させて $K_{\max}$ を測定すると，この式と符合する下図のような結論を得る。

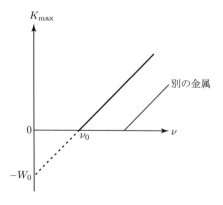

グラフの傾きがプランク定数 h を表す。グラフを延長して縦軸との交点を求めれ

ば陰極の金属の仕事関数 W_0 を知ることができる。また，金属の種類を変えても，グラフの傾きは変化しないことは，プランク定数の普遍性の証拠の一つとなる。

光子

前項で論じたように，アインシュタインの光量子仮説は，上述の観測結果をみごとに説明することに成功した。その後の研究を通して，光の粒子性は仮説ではなく理論として確立した。アインシュタインが光量子と呼んだ粒子は，今日では**光子（photon）**（「子（-on）」は粒子を意味する接尾辞である）と呼ばれている。

光子は運動量も有することが知られている。振動数 ν，波長 λ の光の光子のエネルギー ε および運動量の大きさ p は，プランク定数 h により

$$\begin{cases} \varepsilon = h\nu \\ p = \dfrac{h}{\lambda} \end{cases} \tag{2-3-1}$$

で与えられる。

真空中の光の速さ c も，プランク定数と同様に自然界の基本的な仕組みに関わる普遍定数である。この c を用いれば，光の振動数 ν と波長 λ の間には

$$\nu\lambda = c \tag{2-3-2}$$

の関係があるので，

$$\varepsilon = \frac{ch}{\lambda}, \quad p = \frac{h\nu}{c}, \quad \varepsilon = cp$$

などの関係も成り立つが，これは光固有の関係式である。§2.4 で詳細を述べるが，(2-3-1) はミクロな世界の物理を論じる際の，普遍的な原理の式である。この形で覚えるべきである。光に関しては，必要に応じて (2-3-2) を用いて変形すればよい。

光子は質量ゼロの粒子である。粒子としての速さも c である。質量ゼロの粒子のみが速さ c で走ることができ，逆に質量ゼロの粒子は速さ c で走ることしかできない。

コンプトン効果

光の粒子性の証拠となる，あるいは，光の粒子性によってのみ説明できる現象としてコンプトン効果（コンプトン散乱）がある。

静止した電子に X 線（波長が極めて短く 0.1 nm 程度の電磁波）を照射すると，

散乱された X 線の中に，入射 X 線よりも波長がわずかに長いものが観測される。この散乱 X 線の波長の伸びをコンプトン効果という。これは，光の波動論では説明できない（日常的には可視光線を特に「光」と呼ぶが，物理では電磁波の意味で「光」の用語を用いることが多い）。X 線を波として考察すれば，荷電粒子である電子はその振動を感じて振動させられる。電子の振動の振動数は入射 X 線の振動数と等しくなる。マクスウェルの電気学の理論によれば，振動する荷電粒子は電磁波を発する。これが散乱 X 線になる。この場合，散乱 X 線の振動数は電子の振動の振動数と一致する。したがって，入射 X 線の振動数とも一致する。光の速さ c は振動数によらない普遍定数なので，結局，散乱 X 線の波長は入射 X 線の波長と等しくなり，コンプトン効果は観測されないことになる。

　コンプトン効果は，入射 X 線の光子と電子の弾性衝突と考えることにより観測結果を説明することができる。ここで，弾性衝突とは，衝突する 2 粒子の内部エネルギーが関与しないことを意味する。光子も電子も内部構造をもたない素な粒子であり内部エネルギーはない。立場が決まれば，計算は，通常の力学の衝突と同様である。運動量保存則とエネルギー保存則を連立すればよい（光子が関わる場合，弾性衝突の条件を反発係数で表現することはできない）。計算過程は教科書にも紹介されているので省略する（§5.1 において，教科書とは異なる計算を紹介する）が，散乱 X 線の波長が伸びることはエネルギー保存則のみで確認できる。

　入射 X 線の波長を λ，散乱 X 線の波長を λ'，反跳電子の速さを v とすれば，エネルギー保存則は，

$$\frac{ch}{\lambda} = \frac{ch}{\lambda'} + \frac{1}{2}mv^2$$

となるので，

$$\frac{ch}{\lambda} - \frac{ch}{\lambda'} = \frac{1}{2}mv^2 > 0 \qquad \therefore \quad \lambda' > \lambda$$

である。

2.4　物質波

　古典的には波動と扱われていた光に粒子性があることが明らかになると，古典的にはもっぱら粒子と扱われていた電子などの物質粒子（質量をもつ粒子）にも波動性があることが 1924 年ド・ブロイにより提唱された。この物質粒子の波動性を表現する波を**物質波（ド・ブロイ波）**と呼ぶ。

　ここで，**波動性**とは，要するに重ね合わせの原理に従い干渉する，ということ
を意味する。

　ド・ブロイによれば，運動量の大きさが p の粒子の物質波の波長（ド・ブロイ
波長）は，プランク定数 h により

$$\lambda = \frac{h}{p}$$

で与えられる。この関係式は，光子の運動量を与える

$$p = \frac{h}{\lambda}$$

と数学的に同値である。つまり，この関係式は光にも物質粒子にも共通に有効な
普遍的な関係式である。

　電圧 V で加速した電子の波動性（**電子波**）を表すド・ブロイ波長を求めてみる。

　電圧 V で加速とは，電位差 V の空間を通過させて eV の運動エネルギーを与
えるということを意味する。したがって，加速後の運動量の大きさを p として

$$\frac{p^2}{2m} = eV \qquad \therefore \quad p = \sqrt{2meV}$$

である。運動エネルギー $\frac{1}{2}mv^2$ は，運動量の大きさ $p = mv$ を用いて $\frac{p^2}{2m}$ とも
表記できる。

　したがって，この電子のド・ブロイ波長は

$$\lambda = \frac{h}{\sqrt{2meV}}$$

となる。$h = 6.6 \times 10^{-34}$ J·s, $m = 9.1 \times 10^{-31}$ kg, $e = 1.6 \times 10^{-19}$ C なので，
$V = 100$ V のとき，

$$\lambda = \frac{6.6 \times 10^{-34}}{\sqrt{2 \times 9.1 \times 10^{-31} \times 1.6 \times 10^{-19} \times 100}} \fallingdotseq 1.2 \times 10^{-10} \text{ m}$$

であり，X線と同程度である。したがって，X線を用いた実験においてX線に代
用して 100 V 程度の電圧で加速した電子線を利用することができる。入試では，
X線に関するブラッグの反射条件を絡めて出題されることが多い。

ブラッグの反射条件

　物質の結晶の格子間隔は 10^{-1} nm 程度なので，それを観測（測定）するには，
その長さと同程度の波長の波動を用いる必要がある。この波長領域の電磁波はX

線である。

　ブラッグ父子は，結晶に X 線を照射したときに強く反射する条件を見出した。結晶の格子間隔を d，照射する X 線の波長を λ，X 線の入射方向と結晶面のなす角を θ とすると，その条件は

$$2d \sin\theta = n\lambda \quad (n = 1, 2, 3, \cdots) \tag{2--4--1}$$

となる。これをブラッグの（反射）条件という。

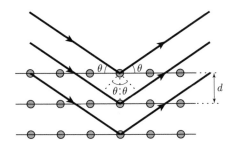

　等間隔に並んだ結晶面が回折格子の役割を果たし，強く反射される条件は，隣り合う 2 つの面で反射された X 線が同位相となることである。その 2 つの X 線の径路差が $2d \sin\theta$ なので，同位相となる条件は式 (2--4--1) で与えられる。

　100V 程度の電圧で加速した電子を入射する場合も，そのド・ブロイ波長が同様の条件を満たす場合に強く反射される。

2.5　粒子と波動の二重性

　光の粒子性を示す関係式と物質粒子の波動性を示す関係式は同じ形をしていて，

$$\begin{cases} \varepsilon = h\nu \\ p = \dfrac{h}{\lambda} \end{cases}$$

であった。これをアインシュタイン–ド・ブロイの関係という。

　高校物理の範囲では，物質波に関しては第 2 式を $\lambda = \dfrac{h}{p}$ と変形して，ド・ブロイ波長を与える式としてしか用いないが，現実には第 1 式も物質波に対して有効である。

　アインシュタイン–ド・ブロイの関係は，あらゆる物理的実体に関して，その

粒子性と波動性を繋ぐ普遍的な関係式である。現代物理学の認識では，物理的実体は，それが古典的には粒子と分類されていたか波動と分類されていたかによらず，すべて粒子性と波動性を二重にもつ何かである。これを**粒子と波動の二重性**という。

「何か」とは何か，という問いは，問うこと自体がナンセンスである。光も電子も外界と反応するときに，外界に対してどのように振る舞うかということのみが物理的には意味がある。光も電子も，相手次第で粒子としても反応するし，波動としても反応するのである。

具体的な現象においては，この光あるいは電子を，波動として扱うべきか粒子として扱うべきか，が重大な問題となる。これは極めて難しい問題であるが，大雑把な基準としては，巨視的な現象では光は波動であり，電子は粒子である。そして，極ミクロな現象においては，光は粒子であり，電子は波動である。入試ではより単純に，プランク定数 h が問題文に現れているか否かで判断できる。

物質波について，少し補足する。電子が波動性を示すというのを，電子の集団が波のように振る舞うと勘違いする人もいるが，そうではなくて，粒子として1つの電子が波動性を示すのである。その波の正体が気になると思うが，それは本書の守備範囲を大幅に逸脱してしまう。それを理解するには，1925年以降に確立した量子力学を学ぶ必要がある。

本書では量子力学の内容を詳しく紹介することはできないが，第4章において，その雰囲気をお見せする。

第3章 原子モデル

すでに述べたように，原子は本来の意味では「原子」ではない。これは，トムソンによる電子の発見（1897年）により明らかになった。トムソンの発見は，それ以上は分割できないと信じられていた原子の内部に電子が含まれていること，すなわち，原子にはさらに内部構造があることを示していた。

3.1 ラザフォード模型

原子にも内部構造があることが明らかになると，その構造を解明する研究が盛んになった。トムソンは，いわゆる「ぶどうパン型モデル」を考えたが，ラザフォードが，金箔に α 線（正電荷をもつ微粒子のビーム）を照射する実験の観測結果から，原子の内部には原子の大きさよりもずっと小さい正電荷をもつ核が存在することを明らかにした（ラザフォードの散乱実験，1911年）。

その後の研究も通して，原子は中心に正電荷とほとんどの質量が集中した核（**原子核**）があり，その周りを電子がクーロン力で結びつき周回していると考えることができることが分かった。原子の大きさが 10^{-10} m 程度であるのに対して，原子核の大きさは 10^{-15} m 程度である。

水素の中性原子の場合は，原子核は陽子であり，その周りを1つの電子が周回している。電子が半径 r の円軌道を描いていると考えると，電子の円運動についての方程式は，クーロンの法則の比例定数を k として，

$$m\frac{v^2}{r} = k\frac{e^2}{r^2} \tag{3--1--1}$$

となる。陽子の質量は電子の質量 m と比べて非常に大きいので，原子の重心と陽子は一致するものと近似できる。上の方程式 (3--1--1) は水素原子の内部状態の方

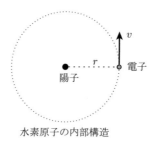

水素原子の内部構造

程式と見ることができる。電子の軌道円が原子の外縁を画し，その大きさが原子の大きさを意味することになる。

このとき，電子の力学的エネルギーは，$r = +\infty$ の状態（イオン化した状態）をクーロン力のポテンシャルの基準として

$$E = \frac{1}{2}mv^2 + \left(-k\frac{e^2}{r}\right) = -\frac{ke^2}{2r} \tag{3–1–2}$$

となる。これも，水素原子の内部エネルギーと解釈できる。

ラザフォードの考案した原子モデル（太陽系型モデル）は，力学的モデルとしては採用できるが，以下のような観測結果を十分に説明することができなかった。

① 原子の大きさの一様性

② 原子の安定性

③ 原子が発する光の波長スペクトル

力学的には水素原子の内部状態を規定する方程式は (3–1–1) のみである。2つの状態の関数 r, v は， (3–1–1) を満たす範囲で連続的にさまざまな値を取り得るはずである。ところが観測される水素原子の大きさ（半径）は，およそ 5×10^{-11} m でほぼ一定である。例えば，半径が 4×10^{-11} m の水素原子は決して発見されない。これが①の意味である。

古典電磁気学の理論（マクスウェルの理論）によれば，振動する荷電粒子は電磁波を発してエネルギーを失う。円運動も一種の振動運動なので，原子内で周回運動する電子は電磁波を発して連続的にエネルギーを失うはずである。(3–1–2) 式が示すように，エネルギーの損失は半径の減少を意味するので，電子の軌道半径は徐々に減少し，最終的には原子核（陽子）に墜落することになる。ところが，水素原子は極めて安定で，そのような現象が観測されることはない。これが②の

趣旨である。

③に関しては，少し詳しく説明する。

水素原子の発する光の波長スペクトル

　一般に物質は熱すると発光する。水素も高温に熱すると光を発する（水素は原子ガスの状態になっていると考えられる）。その波長スペクトル（波長ごとの強度分布）を測定すると，下図に示すような離散スペクトルとなる。

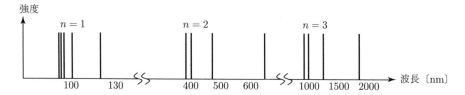

　さらに詳細に調べると，観測される波長 λ は 2 つの自然数 $n, n'\,(n < n')$ を用いて

$$\frac{1}{\lambda} = R\left(\frac{1}{n^2} - \frac{1}{n'^2}\right) \tag{3–1–3}$$

と表すことができることが発見された。ここで，R は**リュードベリ定数**と呼ばれ，

$$R \fallingdotseq 1.1 \times 10^7 \ \mathrm{m}^{-1}$$

である。

　波長の領域は (3–1–3) 式の n の値ごとに大きく分類できる。例えば，$n = 1$ の場合は紫外線領域，$n = 2$ の場合は可視光線領域，$n = 3$ の場合は赤外線領域にスペクトルが現れる。それぞれ発見者の名前に因んで，ライマン系列，バルマー系列，パッシェン系列と呼ぶ。

　古典論では (3–1–3) の実験式を説明する理論が存在しない。そもそも，波長スペクトルが離散的になることすら説明できなかった。

3.2　ボーア理論

　ラザフォード模型についての上述の困難を解決したのが，ボーアの天才的な発見であった。ボーアは，水素原子の内部状態について，力学的にはラザフォード模型を採用し，さらに，以下に述べる仮説を提唱した（1913 年）。

仮説 I：ラザフォード模型が許容する状態のうち，次の条件を満たす状態（これを**定常状態**という）のみが自然界で実現する。

$$r \cdot mv = \frac{h}{2\pi} \times n \quad (n = 1, 2, 3, \cdots) \tag{3-2-1}$$

自然数 n を**量子数**，定常状態における内部エネルギー E_n を**エネルギー準位**という。

仮説 II：量子数 n' の定常状態から，よりエネルギー準位の低い量子数 n の定常状態に遷移する場合には，エネルギー準位の差に等しいエネルギーの光子を放出する。すなわち，

$$h\nu = E_{n'} - E_n \tag{3-2-2}$$

を満たす振動数 ν の光を発する。

仮説 I を**量子条件**，仮説 II を**振動数条件**と呼ぶ。$r \cdot mv$ は，円運動している電子の角運動量である。したがって，量子条件は角運動量の量子化（不可分な単位の導入）を表している。仮説 II を模式図で示すと次のようになる。

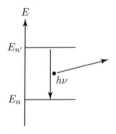

光を吸収することにより逆向きに遷移する場合に，原子が吸収する光の振動数も (3-2-2) 式により与えられる。

ラザフォード模型の電子の運動方程式

$$m\frac{v^2}{r} = k\frac{e^2}{r^2}$$

と量子条件 (3-2-1) を連立すると，量子数 n ごとに状態の関数 r, v を決定できる。この計算は教科書にも紹介されている単純な計算なので，計算過程は省略する。結論として，

$$r = \frac{h^2}{4\pi^2 mke^2} \cdot n^2 \quad (n = 1, 2, 3, \cdots)$$

を得る。これを r_n （この値を半径とする円周，あるいは，その円周に束縛された状態を水素原子の**電子軌道**（あるいは，単に**軌道**）と呼ぶ）とする。

そうすると，量子数 n の定常状態のエネルギー準位は，

$$E_n = -\frac{ke^2}{2r_n} = -\frac{2\pi^2 m(ke^2)^2}{h^2} \cdot \frac{1}{n^2}$$

となる。したがって，量子論的にも許容される定常状態のエネルギー（エネルギー準位）は，量子数ごとに定まる飛び飛びの値であることが分かる。

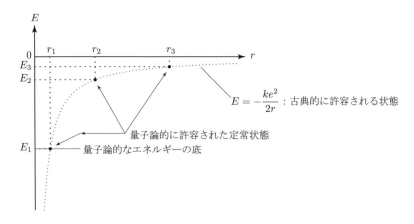

そのため，電磁波として連続的にエネルギーを放出することは禁止される。エネルギーの放出，吸収は，エネルギー準位の差の値のみに限定される。エネルギー準位の最も低い量子数 $n = 1$ に対応する定常状態を特に**基底状態**と呼ぶ。基底状態のエネルギー準位は量子論的にはエネルギーの底であり，これよりもエネルギーの低い状態は自然界には存在しない。したがって，基底状態にある水素原子は極めて安定である（そのため，通常は基底状態にある）。2 以上の量子数 n に対応する定常状態は，基底状態に対してエネルギーが高く相対的に安定度が低く**励起状態**と呼ばれる。

量子数 n' の定常状態から，量子数 $n\,(<n')$ の定常状態に遷移する際に放出する光の波長 λ は，

$$\frac{ch}{\lambda} = E_{n'} - E_n = \frac{2\pi^2 m(ke^2)^2}{h^2}\left(\frac{1}{n^2} - \frac{1}{n'^2}\right)$$

$$\therefore \quad \frac{1}{\lambda} = \frac{2\pi^2 m(ke^2)^2}{ch^3}\left(\frac{1}{n^2} - \frac{1}{n'^2}\right)$$

で与えられることになり，形式として実験式 (3–1–3) を再現する。さらに，$\dfrac{2\pi^2 m(ke^2)^2}{ch^3}$ を数値計算すると，その値はリュードベリ定数と一致する。

また，基底状態における電子の軌道半径（**ボーア半径**）

$$r_1 = \frac{h^2}{4\pi^2 mke^2}$$

の値も，観測されている水素原子の半径と一致し，さらに，

$$E_\infty - E_1 = -E_1 = \frac{2\pi^2 m(ke^2)^2}{h^2}$$

の値は水素原子の第一イオン化エネルギーの観測値と一致する。

水素以外の原子についても内部状態は量子化されていて，軌道ごとにエネルギー準位が定まっている。水素以外の原子の場合には電子が複数存在するので，計算は単純でないが，入試では，その導出を求められる場合もある。ただし，必ず計算過程の指示があるので，それに従えば，水素原子の場合と同様に求めることができる。

ところで，教科書では角運動量を扱っていないので，ボーアの量子条件を

$$2\pi r = \frac{h}{mv} \times n$$

と変形して，軌道上の電子が物質波として安定に存在できる条件として紹介している。そのような理解でも構わないが，それだと「量子」条件の意味が曖昧になる。なお，歴史の順序はド・ブロイによる物質波の発見は，ボーア理論の発見よりも 10 年以上後れている。

3.3 固有 X 線

高電圧で加速した電子を金属に衝突させると，X 線が発生する。その波長スペクトルを分析すると，連続的なスペクトルの所々に鋭いピークが現れて観測される。

実験は次ページの図のような装置を用いる。

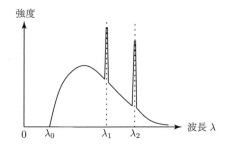

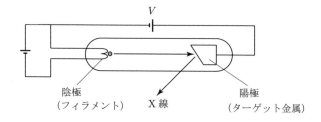

陰極　　　　　　　　　　X 線　　　　　　陽極
（フィラメント）　　　　　　　　　　　　（ターゲット金属）

　陰極のフィラメントから熱電子が現れる。これを電圧 V で加速して陽極の金属
に衝突させる。熱電子の初速は無視できるので，陽極のターゲット金属に衝突す
る直前の電子の運動エネルギーは

$$\frac{1}{2}mv^2 = eV$$

となる。

　観測される X 線スペクトルのうち，背景となる連続的なスペクトル（前ページ
のグラフからピークの部分を切り取ったスペクトル）は，電子が陽極金属との衝
突により急減速する際に発する電磁波のスペクトルである（この X 線を**制動 X
線**あるいは**連続 X 線**と呼ぶ）。これは，古典電磁気学の理論に従う現象であり，

$$\frac{ch}{\lambda} \leqq eV$$

の範囲でさまざまな波長の電磁波が現れる。最短波長 λ_0 は，電子が全運動エネル
ギーを 1 つの光子として放出した場合の光の波長であり，

$$\frac{ch}{\lambda_0} = eV$$

で与えられる。

　ターゲット金属の結晶内には金属の原子（陽イオン）が並んでいて，自由電子
以外の電子は，その軌道に束縛されている。軌道にそれぞれ収納する電子の個数
に制限があり，通常はエネルギー準位の低い軌道から順次埋められている。

　高速に加速された入射電子が軌道電子を弾き出した場合，その軌道に空きがで
きる。その軌道のエネルギー準位 E_n よりも高いエネルギー準位 $E_{n'}$ の軌道にあ
る電子が，空いた軌道に降りる際に，エネルギー準位の差を 1 つの光子として放
出する。その波長 λ は

$$\frac{ch}{\lambda} = E_{n'} - E_n$$

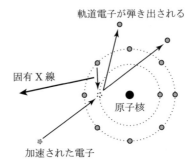

により与えられる。その値は，金属原子のエネルギー準位の分布により決まるので，金属の種類に固有な値となる（230ページのグラフのλ_1, λ_2）。そのため，このメカニズムにより発せられたX線を**固有X線**あるいは**特性X線**と呼ぶ。

　連続的なスペクトルの上に，特定で飛び飛びの波長にのみ別のメカニズムによるスペクトルが上積みされるので鋭いピークになる。

第4章 量子力学へ〈発展〉

プランクの量子仮説（1900年）から始まり，ボーア理論（1913年），ド・ブロイの物質波（1924年）に繋がる理論を**前期量子論**と呼ぶ。これは当時の謎を見事に解明したが，いわば場当たり的であることは否めず，統一された理論にはなっていなかった。

量子論に基づく力学の理論は，現在では**量子力学**と呼ばれる精密で数学的な理論として整備されている。量子力学が完成したのは，1925年〜1926年にかけてである。その解釈については暫くの間論争が続いたが，今日ではその論争にも決着がついている。

量子力学の内容を紹介することは本書の守備範囲を大きく超えてしまう。しかし，前期量子論の紹介で終わってしまうと，読者に誤解のみを与えてしまう恐れがあるので，量子力学の雰囲気を本章では紹介する。量子力学がそれ以前の物理学の理論（古典物理学）とはまったく異なる理論体系であることが伝われば，本章の目的は達成される。

4.1 粒子性と波動性

粒子と波動の二重性は量子論の根幹であり，§2.5でも「物理的存在は，すべて粒子性と波動性を二重にもつ何かである」と述べた。しかし，粒子や波動は，巨視的な現象を理解するために人類が経験的に獲得した概念である。したがって，それをそのまま微視的な現象の説明に使うことは誤解を生じる恐れがある。例えば，電子を量子論的に扱うときには，それは古典的な意味での粒子とはまったく別の存在であることを認識する必要がある。量子論的な存在（量子論をあてはめて論ずべき物理的対象）は，古典的な意味での粒子でも波動でもない。

　古典的な意味での粒子と波動のイメージを確認しよう。

　粒子は不可分な固有の質量と電気量をもち，その運動状態は位置や運動量で指定され，それらはニュートンの運動方程式に従い確定的に時間変化する（各時刻ごとの値は一意に定まる）。特定の時刻には特定の位置にのみ客観的に，かつ，自立的に実体的に存在している。一方，波動は空間的な広がりをもつ現象であり，各点ごと各時刻ごとの状態（媒質の変位）の集合を1つの波動関数で表す。波動関数は波動方程式に従って時間発展する。波動の重要な性質は重ね合わせができることである。さまざまな波動関数の重ね合わせ（代数的な和）も一つの波動を表す。

　量子論的な粒子（電子などのミクロな粒子）も，測定を行い観測すれば一定の質量と電気量ごとに特定の位置（点）に集中して発見される。その段階では古典的な粒子に対するわれわれのイメージと同様の存在となる。しかし，運動中の状態を，ニュートンの運動方程式に従って確定した軌道を辿ったものと考えたのでは実際の観測結果は説明できない。その状態を波動関数で表現し，重ね合わせの原理に基づいて干渉の計算を行えば観測結果を再現する。

　例えば，図のような装置による実験を考える。

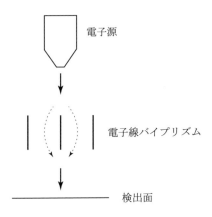

電子源

電子線バイプリズム

検出面

　電子源からエネルギーを揃えた電子線を電子線バイプリズムに入射し，検出面において電子を検出する。バイプリズムは，電子に対して二重スリットのように機能する。粒子のイメージをあてはめると，電子はバイプリズムのいずれかの隙間を通過して検出面に達することになる。

　電子線を十分に強くすると，検出面には，光を使ったヤングの二重スリットの

実験においてスクリーンで観測された干渉縞と同様の縞模様が現れる。

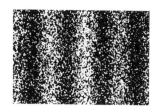

これは電子の波動性の現れである。電子の運動状態を波動関数で表現し，電子線バイプリズムを二重スリットに見立てて，干渉の計算を行えば観測結果を説明することができる。

電子線を十分に弱くすると，検出面には点が現れ，これが1つずつ増えていく。1つの点が1つの電子の到達を表し，電子の粒子性が現れている。ところが，時間が経過し電子の数が増えていくにつれてヤングの実験と同様の「干渉縞」が再現される。つまり，電子の波動性が現れる。

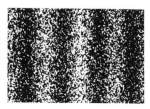

時間経過

(写真は『江沢洋選集』第III巻「量子力学的世界像」，日本評論社，p. 182 より転載)

この結果をどのように解釈すべきかは，次節で検討する。

上の実験が示す事実は，電子を捕獲すれば確かに粒子として振る舞うが，その運動状態は波動として表現する必要があるということである。

「物理的な存在は粒子性と波動性を二重にもつ」という表現を「粒子でもあり，波動でもある」と解釈すると実態の理解としては不正確である。量子論は古典物理学とはまったく異なる新しい理論なので，その内容を既存の言葉（古典物理学の用語）で説明することには限界がある。しかし，古典的な粒子と似た面もある

し，古典的な波動と似た面もある。そのような意味で，「物理的な存在は粒子性と波動性を二重にもつ」と言うことができる。ただし，古典的なイメージの粒子とも波動ともまったく異なる存在であること，粒子や波動はひとつの比喩に過ぎないことを忘れてはいけない。直接に言い表すには，新しい概念の導入が必要であり，それが**量子**である。そして，量子についての物理学の理論が**量子力学**である。

4.2 確率解釈

量子力学では，量子として扱うべき粒子の状態を波動関数で表す。量子力学の波動関数は，古典的な波動の波動関数とはまったく異なる意味をもつ。その波は，音や光のように直接に観測することはできない。では，量子力学の波動関数は何を意味するのか。

光の波動関数 Ψ は，電場（あるいは磁場）の振動に対応する。そして，Ψ^2 が波の強さ（光の明るさ）と対応する。量子力学では，波動関数 Ψ の2乗 $|\Psi|^2$（古典的な波動の波動関数は実数値をとるのに対して，量子力学の波動関数の値は複素数なので，絶対値をとって2乗した値が0以上の実数値となる）が確率分布を表す。波動関数が位置 $\vec{r}$ と時刻 t の関数として表示されている場合，$|\Psi(\vec{r}, t)|^2$ の全空間にわたる積分値が1となるように振幅を調整しておくと，$|\Psi(\vec{r}, t)|^2 \, dx \, dy \, dz$ が，時刻 t において位置 $\vec{r}$ のまわりの体積 $dx \, dy \, dz$ の領域内に粒子が見出される確率を表す。

前節の実験においても，電子を検出面で観測するまでは，電子が検出面のどの位置に達するのかを確定的に述べることはできず，各位置に電子が到達する確率しか分からない。実際に電子が検出面に到達すれば，粒子性が現れて1つの点として観測される。サイコロをふる前の段階ではどの目が出るかを確定的に述べることはできず，1から6のどの目も確率 $\dfrac{1}{6}$ で出ることしか言えない。実際にサイコロをふって出た目を観測すれば，それは例えば6に確定する。サイコロが6個に分裂して1から6の目が出るわけではない。この状況と同様である。

多数のサイコロをふれば，1から6の各目が出た個数はそれぞれふった個数の $\dfrac{1}{6}$ ずつに近づくだろう。これと同様に多数の電子が検出面に到達すれば，各位置に到達する電子の個数が電子の総数とその位置に到達する確率の積に近づいていく。電子の総数が十分に大きくなれば，検出面上に，確率分布が電子の点の濃さ

として再現される。これが干渉縞として観測されることになる。

　電子線の強度が十分に強ければ、検出面には即座に十分に多数の電子が到達するので、すぐに干渉縞が観測できる。しかし、電子の集団が波動性を帯びるのではない。電子線が弱い場合には、電子は1個ずつ検出面に到達するので、はじめは点々とした電子の到達点しか観測されないが、時間が経過して多数の電子が集積されることにより干渉縞が再現される。このことは、粒子として1個の電子がバイプリズムを通過するときに、波動としては両方の隙間を伝播し、干渉の結果が検出面上に現れていることを意味する。波動としての電子は自分自身と干渉しているのである。

4.3　量子状態

　2つの電子が同じ状態であるという場合に、古典的な意味では電子の運動について観測できるすべての量の値が一致していることを表す。また、その値は、観測する前から（観測するかしないかによらず）確定的に定まっている。しかし、量子力学では、観測量の値は確定しておらず確率の情報しか得られない。その確率分布が一致するときに、2つの電子は量子論的な意味で同じ状態であると言うことができる。つまり、量子力学では粒子の状態は観測量の確率分布の組によって指定される。そのような意味での状態を**量子状態**と呼ぶ。

　繰り返しになるが、量子状態が指定された場合にも、観測量の値は客観的に定まっているのではなく確率分布のみが得られることになる。実際に観測すれば観測量の値は1つに定まる。しかし、同じ量子状態に対して観測を繰り返す場合には、観測量はさまざまな値で観測される。量子力学は、同じ量子状態にある多数の粒子に対する観測を前提にした理論である。ある値 q の観測値の標準偏差 Δq を量子力学では**ゆらぎ**と呼ぶ。ゆらぎは観測量の測定値についての不確定さを表す。

4.4　不確定性原理

　古典的には、1つの粒子に対して複数の観測量を同時に測定する場合に、その厳密さに原理的な限界は存在しない。粒子の状態を表す量はすべて客観的に1つの値に定まっているからである。

　量子力学では、2つの量の同時観測には限界がある。例えば、x 軸上を運動す

る粒子の位置 x と運動量 p を測定する場合に，それぞれのゆらぎ Δx, Δp の間には，プランク定数 h に対して

$$\Delta x \Delta p \geqq \frac{h}{4\pi}$$

の関係があることが知られている。これを**ハイゼンベルクの不確定性原理**という。

　これは，厳密な測定には技術的な限界があり測定誤差を生じるということを意味するのではなく，位置と運動量を同時に測定する場合の原理的な限界を与える。運動量の値が確定的に指定された電子の位置はまったく不確定となり，全空間に波動として広がることになる。

　量子力学は，粒子の運動状態についての理論ではあるが，ニュートン力学のように運動状態を確定的に説明する理論ではなく，状態の観測によって得られる情報（観測量の測定値の組）についての理論になっている。

第5章　原子核

20世紀の初めまでには，ある種の原子核が，放射線を放出することにより，別の原子核に遷移することがわかっていた。このことは，原子核もさらに内部構造をもつことを示す。原子核を構成する要素（核子）には，正電荷をもつ**陽子**と電気的に中性な**中性子**の2種類がある。クーロン斥力に抗して核子を結合させる力を**核力**という。

本章では，原子核の構造についての概観と，原子核の反応の理論について考察する。

5.1 質量とエネルギーの等価性

アインシュタインの特殊相対性理論（これも光量子仮説の発表と同じ1905年に発表されている，第1章参照）は，質量 m の粒子の運動量 $\vec{p}$ とエネルギー E の定義の修正を要求した。その速度が $\vec{v}$ のとき，

$$\begin{cases} \vec{p} = \dfrac{m\vec{v}}{\sqrt{1 - \left(\dfrac{v}{c}\right)^2}} \\ E = \dfrac{mc^2}{\sqrt{1 - \left(\dfrac{v}{c}\right)^2}} \end{cases} \tag{5-1-1}$$

である。c は真空中の光の速さである。

2式から $\vec{v}, v$ を消去すると，エネルギーと運動量の大きさ $p = |\vec{p}|$ の関係式

$$E = \sqrt{(mc^2)^2 + (cp)^2}$$

が得られる（簡単な計算なので各自で確認してみよう）。この関係式が質量ゼロ $(m = 0)$ の粒子にも有効であるとすれば，

$$E = cp$$

の関係が得られる。これは，§2.3 で光子について学んだ関係式である。

　ところで，入試の範囲では実は相対論的（相対性理論を省略して「相対論」と呼ぶことが多い）な扱いは求められない。高校物理で扱う物質粒子の運動では，速さ v が光の速さ c と比べて十分に小さい。相対論的な効果が顕著に表れるのは，粒子の速さが光の速さと比べても無視できないくらいに大きい場合である。しかし，(5–1–1) は，その場合にも無視できない重大な変更の要請を含んでいる。

　(5–1–1) 式において，$\left|\dfrac{v}{c}\right| \ll 1$ として近似すると，

$$\vec{p} \approx m\vec{v}\left\{1 + \frac{1}{2}\left(\frac{v}{c}\right)^2\right\} \approx m\vec{v}$$

$$E \approx mc^2\left\{1 + \frac{1}{2}\left(\frac{v}{c}\right)^2\right\} = mc^2 + \frac{1}{2}mv^2$$

となる。これは非相対論的近似と呼ばれる。

　運動量はニュートン力学の運動量を再現するが，エネルギーの式には大きな差異がある。第2項はニュートン力学の運動エネルギーであるが，第1項は何を表すか。(5–1–1) のエネルギーの式において $v = 0$ としても，第1項と等しい

$$E = mc^2$$

が現れる。これは，質量 m の粒子は静止状態でも質量に比例するエネルギーを有することを表している。つまり，相対論の帰結として，質量はエネルギーの一形態であることを示している。この要請を**質量とエネルギーの等価性**という。

　質量がエネルギーの一形態であるとしても，それが別の形態のエネルギーに変換されることがなければ意味がない。ニュートン力学で扱っていた現象では，質量が他の形態のエネルギーに変換されることはない。しかし，これから学ぶように，原子核の反応では質量は他の形態のエネルギーとして解放される。そのときの変換公式が

$$E = mc^2$$

である。これは，粒子の静止状態におけるエネルギーなので，特に**静止エネルギー**と呼ぶこともある。

【例 5–1】〈発展〉

　§2.3 で扱ったコンプトン効果に関して，電子を相対論的に扱って散乱の計算をしてみる。

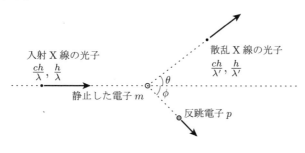

　上図のように，入射 X 線の光子の入射方向を基準として，散乱 X 線の光子の散乱角を θ，電子の反跳角を ϕ とする。また，反跳電子の運動量の大きさを p とする。

　運動量保存則は，入射 X 線の入射方向と，その法線方向に分けて書くと，

$$\text{入射方向}　:　\frac{h}{\lambda} = \frac{h}{\lambda'} \cos\theta + p\cos\phi$$

$$\text{法線方向}　:　0 = \frac{h}{\lambda'} \sin\theta + (-p\sin\phi)$$

となる。一方，エネルギー保存則は，

$$\frac{ch}{\lambda} + mc^2 = \frac{ch}{\lambda'} + \sqrt{(mc^2)^2 + (cp)^2}$$

である。衝突前の電子の静止エネルギーを忘れないように注意を要する。

　3 式より，p, ϕ を消去すると（$p^2 = (p\cos\phi)^2 + (p\sin\phi)^2$ の関係を利用すれば同時に消去できる），

$$\left(\frac{ch}{\lambda} - \frac{ch}{\lambda'} + mc^2 \right)^2 = (mc^2)^2 + c^2 \left\{ \left(\frac{h}{\lambda} - \frac{h}{\lambda'} \cos\theta \right)^2 + \left(\frac{h}{\lambda'} \sin\theta \right)^2 \right\}$$

$$\therefore \quad \lambda' - \lambda = \frac{h}{mc}(1 - \cos\theta)$$

と，散乱方向ごとの波長の伸びを求めることができる。これは，観測結果とピッタリと一致した。$\frac{h}{mc}$ はコンプトン波長と呼ばれる。教科書では近似に基づいた計算の過程で，さらに近似を行うことにより，同じ結果を得ている。■

5.2 原子核の構造

　ほとんどの元素の原子量は整数値に近く，原子核は最も軽い水素原子核が整数個だけ集まって出来上がっていると考えられていた。その個数を**質量数**という。質量数を A とすると，水素以外の原子核では，A の値は原子番号 Z の2倍かそれ以上になっている。はじめ，原子核は，A 個の陽子（水素原子核）と，$A - Z$ 個の電子から出来上がっていると考えられていた。しかし，1932年に，チャドウィックが，質量が陽子とほぼ等しく，電気的には中性な粒子（中性子）を発見し，原子核が陽子と中性子からできていることがわかった。つまり，質量数 A，原子番号 Z の原子核は，Z 個の陽子と $A - Z$ 個の中性子から構成されている（つまり，**原子番号**は原子核の中の陽子数と一致する）。この原子核を

$$_Z^A \text{X}$$

と表記する。X は，元素名を表し，原子番号 Z ごとに定まっている。原子番号が共通（同じ元素）で質量数の異なるものを**同位体**という。

　陽子と中性子をまとめて，**核子**と呼ぶ。陽子と陽子の間のクーロン斥力に抗して，核子を結びつけて核を作り上げている力を**核力**（**強い力**と呼ばれる力の静的な現れ）という。核力はクーロン力の100倍程度の強さである。核力の到達距離は，10^{-15} m 程度以下と非常に短い。これが，原子核の大きさを制限している。

　自然界に存在する原子核の質量 M は，その原子核を構成する核子の質量の単純な和と比べてわずかに軽くなっている。陽子の質量を m_p，中性子の質量を m_n として，

$$\Delta M = \{Z m_\text{p} + (A - Z) m_\text{n}\} - M$$

をこの原子核の**質量欠損**という。これは，原子核が核子バラバラの状態と比べて，質量欠損分のエネルギー

$$B = \Delta M \cdot c^2$$

の分だけエネルギー的に安定であることを示す。

　このエネルギー B は**結合エネルギー**と呼ばれ，原子核を核子ごとバラバラの状態に分解するのに要する仕事の最小値

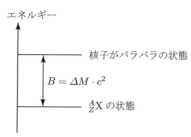

エネルギー

核子がバラバラの状態

$B = \Delta M \cdot c^2$

$_Z^A \text{X}$ の状態

に等しい。核子 1 個あたりの結合エネルギー（比結合エネルギー）

$$b = \frac{B}{A}$$

が大きいほど，原子核の安定度が高いと言える。

　ところで，孤立した中性子は，比較的不安定で，平均寿命およそ 10^3 秒で，次のような反応を起こす。

$$\mathrm{n} \rightarrow \mathrm{p} + \mathrm{e}^- + \bar{\nu}$$

ここで，$\bar{\nu}$ は，ニュートリノと呼ばれる電気量 0，質量ほぼ 0 の軽粒子（の反粒子）である。陽子と中性子の質量は，

$$m_{\mathrm{p}} \fallingdotseq 1.6726231 \times 10^{-27}\,\mathrm{kg} \fallingdotseq 938.27\,\mathrm{MeV}/c^2$$
$$m_{\mathrm{n}} \fallingdotseq 1.6749286 \times 10^{-27}\,\mathrm{kg} \fallingdotseq 939.57\,\mathrm{MeV}/c^2$$

であり，中性子の方がわずかに重い。その差は，電子の質量とニュートリノの質量の和よりも大きいので，上の反応は発熱反応（質量からエネルギーへの解放がある）であり，そのため，自然界で起こり得る。

　原子核の分野では，質量をエネルギーに換算して表示することも多い。その際，J（ジュール）は核子や原子核の質量に相当するエネルギーの単位としては大きすぎるので，通常は MeV（メガ電子ボルト）を用いる。電子ボルト（eV）は，名称の示す通り，電子が 1V の電位差を通過することにより与えられるエネルギーの大きさを表し，

$$1\,\mathrm{eV} = e \times 1\,\mathrm{V} \fallingdotseq 1.6 \times 10^{-19}\,\mathrm{J}$$

である。また，

$$1\,\mathrm{MeV} = 10^6\,\mathrm{eV}$$

である。

5.3　原子核反応

　自然界において，原子核はさまざまな反応を引き起こす。崩壊もその一例であるが，それ以外に，質量数の大きな 1 つの核が質量数が同程度の 2 つ以上の核に割れたり（**核分裂**），質量数の小さな 2 つの原子核が高速で衝突し結合して質量数の大きな核が生まれる（**核融合**）こともある。また，原子核に高速の粒子を衝

突させることにより、核子の組み替えが生じ、別の原子核といくつかの粒子が生成されるような反応も起こることがある。核反応が実現するためには、反応する粒子が核力の到達する距離まで近づく必要がある。正電荷をもつ原子核どうしが反応する場合には、クーロン斥力に対抗するだけの運動エネルギーをもって衝突しなければならない。

核反応においては、反応の前後で次の量が厳密に保存する。

① 核子数（質量数の和）
② 電荷（原子番号の和）
③ 運動量
④ エネルギー

電荷は、電気素量を単位とする数で考える。中性子や電子にもそれぞれ形式的な原子番号 0、−1 をもたせれば、一般に原子番号の和と考えることができる。

核反応では、反応の前後で質量が一般に保存しない。質量はエネルギーの一形態である。つまり、エネルギーの保存においては、静止エネルギーも含めて考えなければならない。すなわち、核反応においては、物質粒子のエネルギーを

$$E = mc^2 + \frac{1}{2}mv^2$$

としてエネルギー保存則の方程式を書くとよい。

反応前の総質量から、反応後の総質量を引いた残り、すなわち、反応による質量欠損を ΔM とすれば、核反応により、

$$Q = \Delta M \cdot c^2$$

だけのエネルギーが解放されることになる。このエネルギーを核反応の**反応熱**という。$Q > 0$ のときを発熱反応、$Q < 0$ のときを吸熱反応という。発熱反応ならば、クーロン斥力に対抗するだけの運動エネルギーをもって衝突すれば反応は実現する。一方、吸熱反応の場合には、反応前の粒子が $|Q|$ をまかなうだけの運動エネルギーをもって衝突しないと反応は起こらない。

比結合エネルギー（核子 1 個あたりの結合エネルギー）は、次ページのグラフに示すように、質量数が 50〜60 のあたりの原子核で最大となり、それよりも質量数が大きい原子核や小さい原子核よりも結合が強く安定である。ウランのような質量数の大きな原子核が 2 個以上の軽い原子核に分裂（**核分裂**）したり、水素のような軽い原子核が融合してより重い原子核になる（**核融合**）と、結合エネル

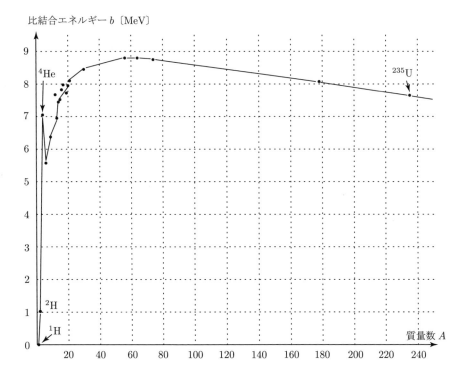

比結合エネルギー b〔MeV〕

ギーの差の分のエネルギーを放出する。これらの反応は，発熱反応なので，自然界で観測される。

　我々が，**原子力エネルギー**と呼んでいるものは，核反応により得られるエネルギーである。したがって，**核エネルギー**の呼称の方が内容を正確に表している。原子炉では，ウランやプルトニウムの核分裂を利用している。これを急激に起こしたものが，原子爆弾である（1945 年 8 月，広島に投下された原爆がウラン爆弾，長崎はプルトニウム爆弾である）。核融合を起こすには，数千万度から 1 億度程度に熱する必要があり，未だ平和利用は実現していない（核融合を利用した発電の研究は行われている）。水素爆弾は核融合を用いた爆弾であるが，核融合を誘起するために起爆剤として原子爆弾を用いている。

　現在の原子力発電所では質量数 235 のウラン $^{235}_{92}\mathrm{U}$ の核分裂を利用している。$^{235}_{92}\mathrm{U}$ の原子核に熱中性子（エネルギーの低い中性子）が当たると，例えば次のような分裂反応が起きる。

$$^{235}_{92}\text{U} + \text{n} \rightarrow {}^{141}_{56}\text{Ba} + {}^{92}_{36}\text{Kr} + 3\text{n}$$

反応により放出された中性子が別の $^{235}_{92}\text{U}$ 原子核に当たると同様の核分裂が生じ，そこで発生した中性子がさらに核分裂を惹き起こす。このように次々と核分裂反応が起きる現象を**連鎖反応**という。

【例 5–2】

$^{238}_{92}\text{U}$ の α 崩壊を考える。次節で詳しく学ぶが，α 崩壊とはヘリウム原子核 $^{4}_{2}\text{He}$ を放出する反応である。

核子数と電荷の保存より，反応式は

$$^{238}_{92}\text{U} \rightarrow {}^{234}_{90}\text{X} + {}^{4}_{2}\text{He}$$

となる。なお，原子番号 90 の元素はトリウムなので，X は Th である。

崩壊前の $^{238}_{92}\text{U}$ が静止していたとすれば，運動量保存則より，$^{234}_{90}\text{Th}$ と $^{4}_{2}\text{He}$ は，反対向きに同じ大きさの運動量で飛び出すことになる。

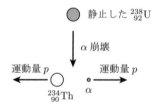

$^{238}_{92}\text{U}$，$^{234}_{90}\text{Th}$，$^{4}_{2}\text{He}$ の質量をそれぞれ M_0, M, m とすれば，エネルギー保存則は，$^{234}_{90}\text{Th}$ と $^{4}_{2}\text{He}$ の運動量の大きさを p として

$$M_0 c^2 = \left(Mc^2 + \frac{p^2}{2M} \right) + \left(mc^2 + \frac{p^2}{2m} \right)$$

となる。したがって，

$$\frac{p^2}{2M} + \frac{p^2}{2m} = (M_0 - M - m)c^2$$

である。$\Delta M = M_0 - M - m$ が，この反応における質量欠損であり，それに相当するエネルギーが反応後の 2 粒子の運動エネルギーとして解放されている。$M \gg m$ なので，そのほとんどは α 粒子の運動エネルギーとなっている。

$^{234}_{90}$Th と $^4_2$He の運動エネルギーは，和と比が定まるので，それぞれ値が確定する。これは，2 粒子への崩壊の特徴である。3 粒子への崩壊では各粒子の運動エネルギーの値は一意に定まらない。β 崩壊に関して，当初ニュートリノは発見されていなかったので，エネルギー保存則が疑われた時代もあった。（次節参照）■

【例 5–3】

次のような反応を考える。

$$^2_1\text{H} + {}^2_1\text{H} \rightarrow {}^3_2\text{He} + {}^1_0\text{n}$$

反応前の 2 つの $^2_1$H はそれぞれ 2.0 MeV の運動エネルギーをもち正面衝突したものとする。また，$^2_1$H，$^3_2$He の結合エネルギーをそれぞれ 2.7 MeV，8.8 MeV とする。

反応後の $^3_2$He と $^1_0$n の運動エネルギーを有効数字 2 桁で計算してみる。

核反応では，4 つの量

① 核子数（質量数の和）

② 電荷（原子番号の和）

③ 運動量

④ エネルギー

の保存則に注目する。いまの場合，①と②の保存は設定により保証されている。

2 個の $^2_1$H が同じ運動エネルギーで正面衝突したということは，衝突前の全運動量がゼロであることを意味している。したがって，運動量保存則より，反応後の $^3_2$He と $^1_0$n は同じ大きさの運動量 p で互いに逆向きに運動する。したがって，それぞれの質量を M, m として，運動エネルギーは

$$K_1 = \frac{p^2}{2M}, \qquad K_2 = \frac{p^2}{2m}$$

と表すことができ，

$$K_1 : K_2 = m : M$$

となる。有効数字 2 桁の計算では，質量の比は質量数の比で代用できるので，結局，

$$K_1 : K_2 = 1 : 3$$

であることが分かる。

あとは，エネルギー保存則より K_1 と K_2 の和を求めれば，容易にそれぞれの値を求めることができる。

各粒子については結合エネルギーが与えられている。これは，核子ごとにバラバラの状態を基準とした質量エネルギーの減少量を表す。模式的な図で表すと次図のようになる。

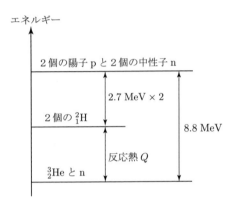

この図より，反応により解放されるエネルギーが

$$Q = 8.8 - 2.7 \times 2 = 3.4 \text{ MeV}$$

であることが分かる。さらに反応前の粒子の運動エネルギーも併せて

$$K_1 + K_2 = Q + 2.0 \text{ MeV} \times 2 = 7.4 \text{ MeV}$$

となる。

以上より，

$$K_1 = 7.4 \times \frac{1}{1+3} = 1.85 \fallingdotseq 1.9 \text{ MeV}$$

$$K_2 = 7.4 \times \frac{3}{1+3} = 5.55 \fallingdotseq 5.6 \text{ MeV}$$

である。■

5.4　核の崩壊

　物質の中には，ウランやラジウムのように，外からの働きかけがなくても自発的に**放射線**を出すものがある。放射線を出す働きを**放射能**，放射能のある物質を**放射性物質**という。放射線の放出は，物質の原子核が関わっていることがわかっている。比較的不安定な原子核は，放射線を放出することにより，より安定な原子核へと遷移する。この反応を**放射性崩壊**あるいは，単に**崩壊**という。

　自然界でおきる原子核の崩壊で放出される放射線には 3 種類あり，物質を透過する強さの小さい順に，α 線，β 線，γ 線と名付けられている。放射線は，物質を電離させる作用があり，透過力は電離作用の大小で決まる。電離作用の大きさは，透過力と逆に，γ 線，β 線，α 線の順に強くなる。

	α 線	β 線	γ 線
透過力	弱	$\longrightarrow$	強
電離作用	強	$\longleftarrow$	弱

　α 線と β 線は，磁場によりそれぞれ逆向きに曲げられる。このことを利用して，比電荷を測定することにより，β 線の正体が電子の流れであることがわかった。α 線は，集めてみると気体のヘリウムになることから，その正体はヘリウム原子核 $^4_2\mathrm{He}$ の流れであることがわかった。γ 線は磁場により向きを変えないので，荷電粒子の流れでないことが判明し，後に，波長が極短い（$10^{-10}\mathrm{m}$ 程度以下）電磁波であることがわかった。γ 線の波長は X 線と同程度であり，両者は単純な波長の大小の比較ではなく，発生する場面で区別される。核の内部から出る場合には γ 線，核の外で発生する場合には X 線と呼ばれる。

α 崩壊

　α 線，すなわち，ヘリウム原子核 $^4_2\mathrm{He}$ を放出しての崩壊を **α 崩壊**という。一般に，原子核の反応では，質量数の和（核子の総数）と原子番号の和（電気量）が保存するので，原子核 $^A_Z\mathrm{X}$ が α 崩壊により，別の原子核 Y に遷移したとすれば，その反応は，

$$^A_Z\mathrm{X} \rightarrow {}^{A-4}_{Z-2}\mathrm{Y} + {}^4_2\mathrm{He}$$

で表される。

β 崩壊

β 線，すなわち，電子 e^- を放出しての崩壊を β 崩壊という。原子核 ${}^A_Z X$ が β 崩壊により，別の原子核 Y に遷移したとすれば，その反応は，

$$ {}^A_Z X \rightarrow {}^A_{Z+1} Y + e^- + \bar{\nu} $$

で表される。ニュートリノは当初発見されていなかったので，β 崩壊の放射線は電子のみと考えられていた。

この反応では，原子核内において，§5.2 でも紹介した中性子の崩壊が起きている。反応式を再掲すれば，

$$ n \rightarrow p + e^- + \bar{\nu} $$

である。β 崩壊が観測されることなどから，当初は原子核が陽子と電子から構成されていると考えられたが，実は，原子核の構成粒子としては電子は存在していない。上の反応により電子が現れるのであった。

人工的に作られた不安定な原子核内では，

$$ p \rightarrow n + e^+ + \nu $$

の反応が起こり得る。e^+ は電子と同じ質量と $+e$ の電気量をもつ粒子であり，**陽電子**（電子の反粒子）と呼ばれる。この場合，原子核は

$$ {}^A_Z X \rightarrow {}^A_{Z-1} Y + e^+ + \nu $$

で表されるような崩壊を起こす。この崩壊を β^+ 崩壊と呼ぶ。これに対して，自然界で生じる通常の β 崩壊を，特に，β^- 崩壊と呼ぶこともある。

γ 崩壊

γ 線，すなわち，電磁波を放出しての崩壊を γ 崩壊という。γ 線は，質量数も電気量も 0 なので，原子核の構成は変化しない。原子核の構造にも，原子の構造のように，エネルギーに準位がある。γ 崩壊は，励起状態にある原子核が基底状態に遷移する反応である。原子核が励起状態にあることを $*$ で表せば，反応式は

$$ {}^A_Z X^* \rightarrow {}^A_Z X + \gamma $$

となる。

　γ線の波長は X 線と同程度あるいは，それよりも短くなっているが，前述の通り，X 線との区別は波長（振動数）によるものではない。γ崩壊のように原子核の内部から発せられるもの，または，原子核反応のように質量欠損を伴う反応により発せられる電磁波を γ線と呼んでいる。電子と陽電子の対消滅は，原子核の反応ではないが質量欠損が生じ（電子と陽電子が消滅し）て電磁波が発せられる。この電磁波も γ線と呼ぶ。

半減期

　原子核の崩壊は，自発的な反応であり，確率的な過程となる。特定の原子核の崩壊に対しては，原子核が N 個ある状態から，微小時間 dt の間に崩壊により減少する核の個数 $(-dN)$ は，N に比例し，

$$(-dN) = \lambda N dt \qquad \therefore \quad \frac{dN}{dt} = -\lambda N$$

となる。ここで，比例定数 λ は崩壊定数と呼ばれ，崩壊の確率の大きさを表す。初期時刻（$t = 0$）において，$N = N_0$ とすれば，上の式を積分することにより，

$$N(t) = N_0 \times e^{-\lambda t}$$

を得る。定数

$$T \equiv \frac{\log 2}{\lambda}$$

を導入することにより，指数関数の底を $1/2$ に変換すれば，

$$N(t) = N_0 \times \left(\frac{1}{2}\right)^{\frac{t}{T}}$$

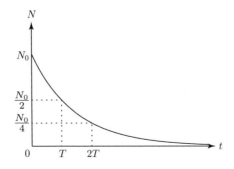

となる。定数 T は，原子核の個数が崩壊により半分になる時間を表すので**半減期**と呼ばれる。

【例 5–4】

炭素の放射性同位体（放射線を発する性質を有する同位体）である ^{14}C は半減期 $T = 5730$ 年 で，次のように β 崩壊する。

$$^{14}\text{C} \ \rightarrow \ ^{14}\text{N} \ + \ \text{e}^- +\overline{\nu}$$

大気中では，この反応と宇宙線に含まれる中性子による ^{14}C の生成反応

$$\text{n} \ + \ ^{14}\text{N} \ \rightarrow \ ^{14}\text{C} \ + \ \text{p}$$

とのバランスがとれていて，^{14}C の割合は過去数千年にわたり一定に保たれていると考えられる。地中に埋まった物質中では生成反応は起きないので，^{14}C は半減期 $T = 5700$ 年 で単調減少し，その炭素全体に対する割合も同じ半減期で単調減少する（^{14}C の割合は極めて小さいので分母は一定と扱える）。

そこで，地中から掘り出された有機物質中の ^{14}C の割合を大気中のそれと比較することにより，その物質が埋まった年代を推定できる。ある資料に含まれる ^{14}C の割合が大気中と比べて r 倍であるとき，それが埋まった年代 t は，

$$\left(\frac{1}{2}\right)^{\frac{t}{T}} = r$$

で与えられる。■

第6章　素粒子

　物質を構成する究極的な要素の探究は，古代ギリシャの時代から人類の興味の的であった。原子（atom）とは，本来，物質の究極的な構成要素を意味する用語であるが，現在我々が**原子**と呼んでいる粒子は，さらに内部構造をもち，究極的な要素ではない。そこで，物質の究極的な構成要素を**素粒子**（**elementary particle**）と呼ぶようになった。素粒子（人類が素粒子として認識する存在）は，時代と共に変遷する。陽子・中性子・電子が素粒子と呼ばれていた時代もあったが，今日では，陽子や中性子もさらに複合粒子であると考えられている。

　素粒子の分類は，粒子間の相互作用と密接に関わっている。自然界には，**重力・電磁力・強い力・弱い力**の4種類の相互作用の存在が確かめられている。重力と電磁力は，有効距離が無限なので，巨視的な現象にも現れるが，強い力と弱い力は，有効距離が非常に短く，素粒子レベルのミクロな現象にしか現れない。**核力**は，強い力の静的な現れである。

6.1　4つの力

　重力・電磁力・強い力・弱い力の4種類の相互作用について，強さと有効距離（力の届く距離）を表にまとめると次のようになる。

種類	強さ	有効距離
重力	最弱	無限
電磁力	強	無限
強い力	最強	10^{-15} m 程度
弱い力	弱	10^{-17} m 程度

重力と電磁力は，有効距離が無限なので，巨視的な現象にも現れる。強い力と弱い力は，有効距離が短く素粒子レベルの現象にのみ現れる。原子核を形成する核力は強い力の静的な現れである。β崩壊に介在する力は弱い力である。

粒子に固有の，力を感じる属性を荷という。電磁力を感じる荷が電荷である。強い力を感じる荷は色荷，弱い力を感じる荷は弱荷と呼ばれる。重力は質量が感じるが，これは荷ではなくエネルギーである。

6.2 今日の素粒子論

今日のモデルでは，素粒子は強い力を感じる**ハドロン**，感じない**レプトン**（**軽粒子**），力を媒介する**ゲージ粒子**，および，質量の起源となる**ヒッグス粒子**に大別される。電子やニュートリノはレプトンであり，光子はゲージ粒子の1種であり電磁力の媒介となる。ハドロンは，さらに**バリオン**（**重粒子**）と**メソン**（**中間子**）に分類される。陽子や中性子はバリオンの典型的な例である。

湯川秀樹はメソンの存在を理論的に予言し（1935年），その功績が評価されて日本人で初めてノーベル賞を受賞した（1949年）。

ハドロンは，バリオンとメソンあわせて100種類以上が発見されていて，それら自体が"素"な粒子とは考えにくい。さらに基本的な粒子の複合粒子と考える方が自然である。そこで導入されたのが**クォーク**と呼ばれる6種類の"素"粒子（「素素粒子」と呼ばれたこともあるが定着しなかった）である。

したがって，現在，最も素な粒子と考えられている粒子はクォークとレプトンである。これらの粒子には反粒子と呼ばれるペアが存在する。反粒子は粒子と質量は等しく，電荷は逆符号になっている。例えば，β崩壊で現れる$\bar{\nu}$はニュートリノνの反粒子であり，陽電子は電子の反粒子である。

6種類のクォークは，第1世代の u（アップ）と d（ダウン），第2世代の c（チャーム）と s（ストレンジ），第3世代の t（トップ）と b（ボトム）に分類される。クォークの電荷は電気素量を単位としたときに整数値をとらない。例えば，第1世代については，u が $+\dfrac{2}{3}$，d が $-\dfrac{1}{3}$ となっている。

現在発見されているメソンとバリオンは，すべてこれら6種類の素粒子の組み合わせとして説明できる。そのとき，メソンはクォーク・反クォークの束縛状態であり，バリオンは3つのクォークの束縛状態である。クォークの束縛を媒介す

る粒子はグルオンと呼ばれるゲージ粒子である（グルオンの媒介する力が「強い相互作用」である）。ハドロンは非常に固く，クォークが単独で自然界に発見されることはない。

　物質の構成要素になるバリオンである陽子と中性子は第1世代のクォークu, dから構成されている。具体的には，陽子がuud，中性子がuddである。電荷保存が成立していることを確認しよう。

　レプトンにも第1世代から第3世代の分類があり，電子とニュートリノ（正確には「電子ニュートリノ」）は第1世代のレプトンである。

　現在では，物質間の相互作用の描像としては，場の概念が採用されている。また，その場は量子化されるべきであると考えられている。その量子がゲージ粒子である。光子は，光（電磁場を伝える電磁波）の量子化により発見された。重力を伝える重力波も量子化されるべきである（その際の量子をグラビトンと呼ぶ）と考えられているが，今のところ成功していない。

　前節において核反応について学んだ核子数の保存は，バリオン数の保存と理解することができる。また，多くの反応ではレプトン数も保存している。その際，レプトン数とはレプトン1つごとに +1，レプトンの反粒子1つごとに −1 を当てはめる。β 崩壊

$$\ce{^A_Z X} \rightarrow \ce{^A_{Z+1} Y} + e^- + \bar{\nu}$$

では，左辺のレプトン数は 0 であり，右辺も $(+1) + (-1) = 0$ となっている。

　最新の理論では，バリオン数やレプトン数は必ずしも保存されないと考えられているが，大学入試までで扱う反応では両者ともに保存している。

6.3 素粒子と宇宙

　素粒子は物理学の最もミクロな対象であり，宇宙は最もマクロな対象である。対極的な存在であるが，その理論は密接に関わっている。

　現在の宇宙論（宇宙の誕生と進化に関する理論）の標準理論は，ガモフが提唱したビッグバン理論に基づいている。高温高密度の状態から爆発的な膨張が始まり（ビッグバン），宇宙の膨張につれて密度と温度が低下し，現在の状態に至ったと考えられている。宇宙の年齢は約138億年と計算されている。宇宙空間に充

満する背景放射（温度 2.7 K の物体からの熱放射に相当するマイクロ波）がビッグバンの痕跡であると考えられている。

　初期の理論は観測結果との齟齬があり，それを補正するために，宇宙誕生の直後に指数関数的な急激な膨張（インフレーションと呼ぶ）の時期があったと考えられている。この**インフレーション理論**を提唱したのは佐藤勝彦である。

　素粒子論も宇宙論も，現在も発展しつつある分野である。初期の宇宙の状態を説明するには量子論的な考察が必要であると考えられ，量子重力理論の構築へ向けたさまざまなチャレンジが行われている。また，自然界に存在する 4 つの力は宇宙の初期にはひとつの力であり，宇宙の進化につれて 4 つの力に分岐したものであると考えられている。そして，4 つの力を統一的に説明する理論が存在するものと信じられている。

付録A　ギリシャ文字

大文字	小文字	読み方	英語	ラテン文字
A	α	アルファ	alpha	A
B	β	ベータ	beta	B
Γ	γ	ガンマ	gamma	G
Δ	δ	デルタ	delta	D
E	ϵ, ε	イプシロン	epsilon	E
Z	ζ	ゼータ	zeta	Z
H	η	エータ	eta	H
Θ	θ	シータ	theta	Q
I	ι	イオタ	iota	I
K	κ	カッパ	kappa	K
Λ	λ	ラムダ	lambda	L
M	μ	ミュー	mu	M
N	ν	ニュー	nu	N
Ξ	ξ	グザイ	xi	X
O	o	オミクロン	omicron	O
Π	π	パイ	pi	P
P	ρ	ロー	rho	R
Σ	σ	シグマ	sigma	S
T	τ	タウ	tau	T
Υ	υ	ウプシロン	upsilon	U
Φ	ϕ, φ	ファイ	phi	F
X	χ	カイ	chi	C
Ψ	ψ	プサイ	psi	Y
Ω	ω	オメガ	omega	W

※ Word 等のワープロソフトで「Symbol」のフォントを選び，表のラテン文字を入力すると，対応するギリシャ文字が表示される．

付録B　物理定数

物理量	記号	数値
標準重力加速度	g	$9.80665 \ \mathrm{m/s^2}$
万有引力定数	G	$6.67427 \times 10^{-11} \ \mathrm{N \cdot m^2 \cdot kg^{-2}}$
熱の仕事当量	J	$4.18580 \ \mathrm{J/cal}$
アボガドロ定数	N_A	$6.02214076 \times 10^{23} \ \mathrm{mol^{-1}}$
ボルツマン定数	k	$1.380649 \times 10^{-23} \ \mathrm{s^{-2} \cdot m^2 \cdot kg \cdot K^{-1}}$
気体定数	R	$8.314472 \ \mathrm{J \cdot mol^{-1} \cdot K^{-1}}$
真空中の光の速さ	c	$299792458 \ \mathrm{m \cdot s^{-1}}$
真空の誘電率	ε_0	$8.854187817 \times 10^{-12} \ \mathrm{F \cdot m^{-1}}$
真空の透磁率	μ_0	$1.2566370614 \ \mathrm{N \cdot A^{-2}}$
電気素量	e	$1.602176634 \times 10^{-19} \ \mathrm{A \cdot s}$
プランク定数	h	$6.62607015 \times 10^{-34} \ \mathrm{s^{-1} \cdot m^2 \cdot kg}$
リュードベリ定数	R	$1.0973731568527 \times 10^7 \ \mathrm{m^{-1}}$

付録C　単位

　本文でも述べたように，物理量にはそれぞれ固有の次元があり，数値で表示する場合には単位を付す必要がある。いくつかの基本的な物理量の単位（**基本単位**）を導入すれば，他の物理量の単位は，それらの組み合わせ（**組立単位**）で表示できる。

　国際単位系 SI では，秒 (s)，メートル (m)，キログラム (kg)，アンペア (A)，ケルビン (K)，モル (mol)，および，カンデラ (cd) の 7 つを基本単位として採用している。カンデラは本文には出て来なかったが，光度の単位である。これらを用いて，代表的な物理量の単位（組立単位）を表示すると，以下のようになる。

組立量	記号	名称 （読み方）	他の SI 単位 との関係	SI 基本単位 による表示
周波数	Hz	ヘルツ		s^{-1}
力	N	ニュートン		$m \cdot kg \cdot s^{-2}$
圧力	Pa	パスカル	N/m^2	$m^{-1} \cdot kg \cdot s^{-2}$
エネルギー・仕事	J	ジュール	$N \cdot m$	$m^2 \cdot kg \cdot s^{-2}$
仕事率・電力	W	ワット	J/s	$m^2 \cdot kg \cdot s^{-3}$
電荷・電気量	C	クーロン		$s \cdot A$
電位・電圧	V	ボルト	W/A	$m^2 \cdot kg \cdot s^{-3} \cdot A^{-1}$
電気容量	F	ファラド	C/V	$m^{-2} \cdot kg^{-1} \cdot s^4 \cdot A^2$
電気抵抗	Ω	オーム	V/A	$m^2 \cdot kg \cdot s^{-3} \cdot A^{-2}$
磁束	Wb	ウェーバ	$V \cdot s$	$m^2 \cdot kg \cdot s^{-2} \cdot A^{-1}$
磁束密度	T	テスラ	Wb/m^2	$kg \cdot s^{-2} \cdot A^{-1}$
インダクタンス	H	ヘンリー	Wb/A	$m^2 \cdot kg \cdot s^{-2} \cdot A^{-2}$
放射能	Bq	ベクレル		s^{-1}

| 吸収線量 | Gy | グレイ | J/kg | $m^2 \cdot s^{-2}$ |
| 線量当量 | Sv | シーベルト | J/kg | $m^2 \cdot s^{-2}$ |

基本単位の単位量を定義する必要がある。従来は，メートルやキログラムについては原器が採用されていたが現在では廃止され，すべての基本単位について以下のように基礎的な物理定数の値を定めることにより定義されている。すなわち，

秒 (s)	基底状態で温度が 0 ケルビンのセシウム 133 原子の超微細構造の周波数の数値を $9192631770\ s^{-1}$ と定める。
メートル (m)	真空中の光速度 c の数値を $299792458\ m \cdot s^{-1}$ と定める。
キログラム (kg)	プランク定数 h の数値を $6.62607015 \times 10^{-34}\ s^{-1} \cdot m^2 \cdot kg$ と定める。
アンペア (A)	電気素量 e の数値を $1.602176634 \times 10^{-19}\ A \cdot s$ と定める。
ケルビン (K)	ボルツマン定数 k の数値を $1.380649 \times 10^{-23}\ s^{-2} \cdot m^2 \cdot kg \cdot K^{-1}$ と定める。
モル (mol)	アボガドロ定数 N_A の数値を $6.02214076 \times 10^{23}\ mol^{-1}$ と定める。
カンデラ (cd)	周波数 540×10^{12} Hz の単色光の発光効率の数値を $683\ s^3 \cdot m^{-2} \cdot kg^{-1} \cdot cd \cdot sr$ と定める。

となっている。なお，sr（ステラジアン）は立体角（空間的な広がり）の単位であり，全角が 4π sr である。

基本単位や組立単位に対して大きな数値や小さな数値を表示する場合には，以下のような SI 接頭辞を用いることがある。

記号	名称（読み方）	大きさ	記号	名称（読み方）	大きさ
Y	ヨタ	10^{24}	d	デシ	10^{-1}
Z	ゼタ	10^{21}	c	センチ	10^{-2}
E	エクサ	10^{18}	m	ミリ	10^{-3}
P	ペタ	10^{15}	μ	マイクロ	10^{-6}

T	テラ	10^{12}	n	ナノ	10^{-9}
G	ギガ	10^9	p	ピコ	10^{-12}
M	メガ	10^6	f	フェムト	10^{-15}
k	キロ	10^3	a	アト	10^{-18}
h	ヘクト	10^2	z	ゼプト	10^{-21}
da	デカ	10	y	ヨクト	10^{-24}

例えば，1013 hPa は，1013×10^2 Pa $= 1.013 \times 10^5$ Pa である。

付録D　さらに学びたい方へ

　本書を読破してもらえば，大学入試に関しては心配要りません。あとは，志望校の過去問の演習などを通して，本書で学んだ考え方や手法を実践的に運用する練習を行ってください。

　ここでは，受験が終わりさらに専門的に物理学を学びたい方のための読書案内をしたいと思います。優れた専門書は沢山あります。また，新しく刊行される書籍も多く，すべてをフォローしている訳ではありませんが，筆者が予備校の授業を行うにあたり参考にしてきた書籍を紹介します。そのため，やや古いものが多くなっていますが，中身が時代遅れになった訳ではなく，現代でも通用します。最新の書籍については，大学入学後に大学の先生や周りの学生からアドバイスをもらってください。

力学

[1]　並木美喜男『解析力学』丸善出版（2015 年）
[2]　山本義隆・中村孔一『解析力学 I, II』朝倉書店（1998 年）

　高校の物理で学ぶ力学の理論は，ニュートンの運動の法則に基づく，いわゆるニュートン力学です。しかし，これは基礎概念が数学的に曖昧なものも含まれています。現代的な力学の理論としては，数学的にも形式が整備された**解析力学**と呼ばれる体系が採用されています。

　[1] は，量子力学への橋渡しを意識して書かれたものです。もともとは 30 年以上前の書籍ですが，最近になって新装版となり復刊されました。[2] は，現代的な数学の理論も織り交ぜて理論が展開されています。

熱学

[3]　藤原邦男・兵藤俊夫『熱学入門』東京大学出版会（1995 年）

[4]　田崎晴明『熱力学』培風館（2000 年）

[5]　田崎晴明『統計力学 I, II』培風館（2008 年）

本文でも述べたように，現代的な熱学の理論は**統計力学**と呼ばれる理論の体系です。[3] は，古典的な熱学の理論に関する丁寧な説明から始めて，統計力学の基礎的な考え方を簡潔に纏めた書籍です。[4] は，熱力学に特化してより詳細に記述されています。[5] は，[4] と同じ著者による統計力学の教科書です。内容はかなり高度であり，相当の数学の知識を準備してから学習する必要があります。

電磁気学

[6]　深谷賢治『電磁場とベクトル解析』岩波書店（2004 年）

[7]　牟田泰三『電磁力学』岩波書店（1992 年）

[8]　太田浩一『電磁気学の基礎 I, II』東京大学出版会（2012 年）

高校の電磁気学は理論が完結しないまま終わっています。本書では，その部分も簡単に紹介しましたが，理論を体系的に紹介するまでには至っていません。電磁気学の理論を体系的に学ぶためには**ベクトル解析**という数学の内容の学習が必要になります。[6] が，ベクトル解析の教科書になります。

[7] は，電磁気学の理論をコンパクトに纏めた教科書ですが，現在は入手することが困難かも知れません。[8] は，電磁気学の発展の歴史も交えて詳細に記述されています。

現代物理学

[9]　朝永振一郎『量子力学 I, II』みすず書房（1969 年，1997 年）

[10]　J.J. サクライ『現代の量子力学 (上), (下)』吉岡書店（2014 年，2015 年）

[11]　江沢洋『相対性理論』裳華房（2008 年）

[12]　風間洋一『相対性理論入門講義』培風館（1997 年）

本文でも紹介したように，現代の物理学の 2 本の柱は**相対性理論**と**量子論**です。量子論に関しては，高校の範囲では前期量子論と呼ばれる内容のみを学びますが，その後に 1 つの理論体系として確立された分野が**量子力学**です。

　[9]は，量子力学の古典的な教科書です。量子論の発展の歴史も学ぶことができます。『量子力学II』は応用的な内容が中心であり，量子力学の基本的な考え方を習得するには『量子力学I』だけでも十分です。[10]は，タイトルの通り，量子力学の理論体系が現代的な形式で紹介されています。こちらも下巻は応用的な内容になっています。

　相対性理論は，特殊相対性理論と一般相対性理論からなりますが，一般相対性理論の学習には高度な数学の知識が必要になります。[11]も[12]も，特殊相対性理論を中心に解説した教科書になっています。[12]の方がコンパクトに纏まっていますが，その分，自分で計算を補いながら読み進める必要があります。

その他

　　[13]　　『岩波物理入門コース』全10巻，岩波書店
　　[14]　　『ファインマン物理学』全5巻，岩波書店

　[13]のシリーズは，主に大学1年生向けに書かれた教科書です。上で紹介したものよりも基本的な記述になっていて自習しやすいでしょう。ただ，その分，物足りなさを感じる方もあると思います。

　[14]のシリーズは，ファインマンがカリフォルニア工科大の学部1,2年生に向けて行った講義を基に書籍化された物理学の教科書の翻訳版です。最初はすべてを理解することは困難かも知れませんが，何度も読み返すと，自分の学習の進捗度につれて理解を深めることができます。

　物理学を本格的に学ぶためには，数学の知識は必須です。上に紹介したいずれの書籍を学習する際も，必要に応じて数学の内容を補いながら読み進めてください。物理学の教科書は自分で計算しながら読まないと本当には理解できません。

　数学の教科書も豊富に出版されていますが，上で紹介した[4]，[5]の著者である田崎晴明先生が，物理を楽しく学ぶための数学の教科書を執筆され，ネットでも公開してくださっています。以下のURLからアクセスできます。

　http://www.gakushuin.ac.jp/~881791/mathbook/index.html

あとがき

　本書はもともと，大学受験生向けの「物理の教科書」を目指して書き始めました。タイトルも『高校生のための物理学読本』を考えていました。執筆を始めた動機は幾つかあるのですが，付録Dで言及した田崎晴明先生の数学の教科書に刺激を受けたことも，その1つです。そこで，ある程度，形になった段階でネットでの公開を始めました。

　公開を始めると，高校生や受験生よりも大人の方に興味を示していただき，励ましのお言葉や有益なアドバイスを沢山戴きました。そうすると，何も受験参考書と銘打って刊行する必要はなく，もっと一般に向けた物理学の入門書として出版してもよいかなと考えるようになりました。そこで，タイトルも『はじめて学ぶ物理学』に変更しました。

　しかし，本書の守備範囲は高校物理の範囲に留めました。これには複数の理由があります。

　まずは，当初の目的である大学受験生に対する「教科書」としての機能を維持したいということがあります。高校生や受験生の方も，本書を使いこなしてもらえれば，受験対策としては必要かつ十分な内容になっています。次に，専門家の方の中には「高校物理」を軽んじる方もあるかも知れませんが，物理学の論理は高校物理の中にも十分に現れています。本書の内容を基本的な思想面でも習得していただければ，さらに専門分野の学習に進んだ場合にもスムーズに学習を進めることができます。大学1年生の方にも，高校物理をあまり詳細に学ばなかった方には，本書は専門的な学習の準備として最適です。高校物理でも，ここまで精密な議論ができるということを示すことも本書の目的の一つです。

　ところで，筆者は，高校で学習される科目の中で「物理」が最も論理の明快な

分野だと思っています。学問，あるいは，科学とは，知識の論理的な体系です。学問を修得するためには，その論理を精確に追跡することが大切です。高校物理は，その訓練の道具として最適な題材となります。文系の分野に進む方であっても，そのような意味で物理学を学ぶ価値があると考えます。しかし，学校で履修するとなると相当な時間と労力を必要とします。文系の大学受験生でも，余暇の時間に本書を読んでもらえると嬉しく思います。きっと得るものがあると信じています。

　もちろん，すでに，学校を離れた大人の方でも，物理ファンの方には本書を楽しく読んでいただけると思います。ご自身が高校のときには学べなかった「学問としての高校物理」の姿をお見せできると自負しています。そのような方は，本書に続けて，是非，付録 D で紹介した専門書にもチャレンジしてください。さらに魅惑的な物理学の世界が広がっています。

　このような目論見を持って本書を完成させました。高校生から大人の方まで，そして，理系・文系を問わずさまざまな分野の方々に本書が愛読されることを期待しています。

　本書が出版できたのは，さまざまな方のお力添えの賜物です。この場をお借りして，謝辞を述べさせて戴きます。

　まず，編集を担当してくださった亀井哲治郎氏のお力添えがなければ，本書が発刊されることはありませんでした。内容面に関しても多くの示唆を戴きました。特に，第 VI 部の第 1 章は，亀井氏のアドバイスに従って追加したのですが，流れがスムーズになり第 VI 部全体が引き締まりました。また，校正の段階では誤植の指摘だけではなく，私の日本語の癖も修正してくださり，本書を読みやすく整えてくださいました。図版のレイアウトなども含めて本書の体裁を整えてくださったのは亀井氏の奥様です。本書はフリーの製版ソフトである LaTeX を使って作成しましたが，私の作った乱雑な草稿を読者の方に読みやすく整えてくださいました。亀井氏と奥様に心よりの御礼を申し上げます。

　亀井氏にお引き合わせくださったのは，高校の教員をされている児玉照男氏と科学ジャーナリストの内村直之氏です。児玉氏は，私が出版の希望をもっていることを亀井氏にお伝えくださいました。しかし，児玉氏は私への直接の連絡方法はご存じありませんでした。ところで，2017 年度の大学入試に纏わる騒動をきっかけに内村氏と Twitter で知り合うことになりました。亀井氏から相談を受けた

内村氏が，私のメールアドレスを伝えてくださり，亀井氏と私が直接連絡をとることができました。一方で，それとは独立に，児玉氏も筆者の勤務校の連絡先を調べてくださり，亀井氏と引き合わせてくださるように手配してくださいました。お二人の御尽力がなければ亀井氏にお会いすることはなく，本書の出版も危うかったでしょう。

　本書の表紙のデザインは銀山宏子氏がお引き受けくださいました。私が本書に込めた気持ちを見事に具現化してくださっています。書店で見かけた方に私の気持ちが伝わり皆様に読んでいただけているのだと思います。

　ネットで草稿を公開している間に，多くの方から指摘や示唆をいただきました。特に，斉藤茂和様，福田宣之様，福満尚洋様は草稿の全体を詳細に検討くださいました。その他にお名前を存じない方からも貴重なご意見を多数いただきました。いずれのご指摘も本書の完成に反映させていただいています。この場をお借りしてお礼を申し上げたいと思います。なお，本書の記述内容の責任は，もちろんすべて筆者である私にあります。

　本書の内容は，私が勤務する塾のひとつである科学的教育グループSEGでの高校2年生に向けた授業の内容（SEGでは2年生の間に高校物理の理論をほぼ一通り学び，3年生になると入試に向けた問題演習を行っています）に準拠しています。これまでに私の講義を受講してくれた優秀な若者達から刺激を受けて，私自身の物理学への理解を深めることができました。また，SEGの同僚達とは普段から日常的に示唆に富む議論を行うことができました。これらの経験が本書の成立の大きな原動力になっています。SEGの同僚の幾人からは，草稿に対して誤植等の指摘もいただきました。

　最後に，日曜日も朝からパソコンに向かっていた筆者を暖かく見守ってくれた妻と二人の息子にも感謝します。高校生になった彼らに本書を読んでもらえることを楽しみにしています。

2019年4月

吉田弘幸

索引

吉田弘幸（よしだ・ひろゆき）
略歴
1963 年　東京生まれ
神奈川県大磯町立大磯小学校，大磯中学校，県立大磯高等学校を経て，
早稲田大学理工学部物理学科へ進学
同大学院理工学研究科修士課程物理学及び応用物理学専攻修了（理学修士）
慶應義塾大学大学院法務研究科修了（法務博士）
現在　SEG 物理科講師・数学科講師
著書
『道具としての高校数学──物理学を学びはじめるための数学講義』日本評論社.
『東大の入試問題で学ぶ高校物理──『はじめて学ぶ物理学』演習篇』日本評論社.
『京大の入試問題で深める高校物理──『はじめて学ぶ物理学』演習篇』日本評論社.

はじめて学ぶ物理学【第 2 版】（下）
── 学問としての高校物理

2019 年 5 月 25 日　第 1 版第 1 刷発行
2023 年 6 月 20 日　第 2 版第 1 刷発行

著　者............................吉田弘幸 ©

発行所............................株式会社 日本評論社
　　　　　　　　　　〒170-8474 東京都豊島区南大塚 3-12-4
　　　　　　　　　　TEL：03-3987-8621［営業部］　https://www.nippyo.co.jp/

企画・制作....................亀書房［代表：亀井哲治郎］
　　　　　　　　　　〒264-0032 千葉市若葉区みつわ台 5-3-13-2
　　　　　　　　　　TEL & FAX：043-255-5676　　E-mail：kame-shobo@nifty.com

印刷所............................三美印刷株式会社

製本所............................井上製本所

装　訂............................銀山宏子（スタジオ・シープ）

組版・図版....................亀書房編集室

ISBN 978-4-535-79837-3　　Printed in Japan